U0157296

"行业消防安全检查"
系列丛书

# 文博建筑宗教活动场所
# 消防安全检查

王献忠◎主编

靳威　邱丽◎副主编

吉林出版集团股份有限公司
全国百佳图书出版单位

**图书在版编目（CIP）数据**

文博建筑宗教活动场所消防安全检查 / 王献忠主编；
靳威，邱丽副主编. -- 长春：吉林出版集团股份有限公司，2024.5

（"行业消防安全检查"系列丛书）

ISBN 978-7-5731-4968-8

Ⅰ.①文… Ⅱ.①王… ②靳… ③邱… Ⅲ.①博物馆
－文化建筑－宗教事务－公共场所－消防－安全检查
Ⅳ.①TU998.1

中国国家版本馆CIP数据核字（2024）第097284号

WEN-BO JIANZHU ZONGJIAO HUODONG CHANGSUO XIAOFANG ANQUAN JIANCHA

## 文博建筑宗教活动场所消防安全检查

主　　编　王献忠
副主编　靳　威　邱　丽
责任编辑　王丽媛
装帧设计　清　风

出　　版　吉林出版集团股份有限公司
发　　行　吉林出版集团社科图书有限公司
地　　址　吉林省长春市南关区福祉大路5788号　邮编：130118
印　　刷　吉林省吉美印刷有限责任公司
电　　话　0431-81629711（总编办）
抖音号　吉林出版集团社科图书有限公司　37009026326

开　　本　710 mm×1000 mm　1 / 16
印　　张　10.5
字　　数　200千字
版　　次　2024 年 5 月第 1 版
印　　次　2024 年 5 月第 1 次印刷

书　　号　ISBN 978-7-5731-4968-8
定　　价　68.00 元

如有印装质量问题，请与市场营销中心联系调换。0431-81629729

# "行业消防安全检查"系列丛书
# 编委会名单

主　编　王献忠

副主编　靳　威　邱　丽

成　员　程冰梅　周丽丽　左　宇

　　　　薛大林　吕星昱　吴　菲

　　　　赵　博　孙忠昱　杨贺乔

　　　　许笑铭

# 序　言

　　为进一步加强行业部门的消防安全管理工作，依据《中华人民共和国消防法》《吉林省消防条例》《消防安全责任制实施办法》和有关部门规章等法律法规、文件政策和技术标准，吉林省消防救援委员会办公室组织编写了"行业消防安全检查"系列丛书（以下简称"本丛书"）。本丛书分析了典型场所的突出火灾风险，整理和归纳了行业部门实施行业监管，社会单位开展防火检查巡查的步骤、方法和重点检查内容，旨在推动行业部门消防安全监管能力和社会单位自主管理能力实现有效提升。

　　本丛书所列内容仅作日常工作参考，其他未尽事项以相关法律法规的规定和技术规范的要求为准。

# 目 录

## 第二部分　博物馆消防安全检查

## 第三部分　宗教活动场所消防安全检查

# 附　　录

# 第一部分
# 文物建筑消防安全检查

# 第一章　文物建筑主要火灾风险

文物建筑是指核定公布为文物保护单位、登记公布为不可移动文物的古建筑和近现代代表性建筑等建筑物或构筑物。文物建筑主要火灾风险如下：

## 第一节　起火风险

### 一、明火源风险

1. 焚香、进香、油灯、烛火区周边堆放杂物，与其他可燃物或区域未做有效分隔，无专人看管。

2. 在非指定安全区域内烧纸、焚香、使用燃灯等，使用电子香烛未落实安全管控措施。

3. 文物建筑内违规吸烟，违规使用明火，违规储存、使用易燃易爆危险品。

4. 文物建筑内违规采用炭火取暖，采用燃气锅炉取暖未落实安全防护措施。

5. 违规进行电焊、气焊、切割等明火作业。

6. 文物建筑周边违规销售、储存、燃放烟花爆竹和孔明灯等。

### 二、电气火灾风险

1. 在配电间内堆放杂物，配电箱未与可燃物保持安全距离；电气线路敷设不符合要求，电气线路老化、绝缘层破损、线路受潮；使用铜线、铝线代替保险丝。

2. 文物建筑内电气线路未穿管保护；电气线路型号与负载功率不匹配、连接不可靠；电气线路、电源插座、开关安装敷设在可燃材料上或未与窗帘、垂幔等可燃物保持安全距离；线路与插座、开关连接处松动，插头与插套接触处松动。

3. 选用不符合国家标准、行业标准的电器产品以及电气线路。

4. 文物建筑内违规采用电暖气、电热毯取暖。

5. 文物建筑内制冷、除湿、加湿装置长时间通电，未落实安全防护措施。

6. 临时加装的照明灯具、LED显示屏、灯箱、用电设备超出线路荷载。展示柜内的照明采用非低发热光源灯具。

7. 未按要求安装防雷设施，防雷设施未定期检测维护并确保完好有效。

8. 电动自行车、电瓶车、电动平衡车等使用蓄电池的交通工具违规在文物建筑内停放、充电，工作人员将蓄电池带至文物建筑内充电。电动汽车停放、充电未与文物建筑保持安全距离。

**三、违规使用可燃物风险**

1. 采用聚氨酯、聚苯乙烯、海绵、毛毯、木板等易燃可燃材料装饰装修。

2. 文物建筑保护范围内违规搭建易燃可燃夹芯材料彩钢板房；临时演出、大型活动舞台等违规采用易燃可燃材料搭建。

3. 文物建筑内使用的经幡、帐幔、伞盖、地毯、锦绣等可燃织物未与明火源及电气线路、电器产品保持安全距离。

4. 用于文物修复保护的各类油品、油漆、稀料等易燃化学品未按要求储存使用。

**四、其他起火风险**

部分文物建筑长期作为民居、粮仓、教室、办公场所等场所或者被开发为旅馆、饭店、作坊等生产经营性场所，用火用油用气用电等未严格落实文物建筑相关消防安全管理要求。

## 第二节 火灾蔓延扩大风险

1. 文物建筑原有防火分隔措施被破坏,与毗邻建筑防火间距被占用。

2. 地处森林、郊野的文物建筑周边未开辟防火隔离带。

3. 文物建筑管理使用单位未依法依规建立专职消防队或志愿消防队(微型消防站),未与附近消防力量建立联动机制。

4. 文物建筑内消防设施运行不正常,发生火灾后不能早期预警、快速处置;值班人员对消防设施器材操作不熟悉。

5. 未设置消防车通道,现有消防车通道上设置停车泊位、构筑物、固定隔离桩等障碍物,影响灭火救援。

6. 未按照规范要求设置室外消火栓或消防水池等消防水源,未配备手抬泵等消防器材,未在周边水源设置取水设施,不能保证消防供水需要。

## 第三节 重点部位火灾风险

**一、焚香、进香区域**

1. 焚香、进香区域周边未设置灭火器、水缸、水桶、沙土等器材以备灭火。

2. 现场无专人看护,焚香、进香结束后未及时消除火源。

3. 未针对大风天气明确禁止焚香、进香。

4. 周边堆放易燃可燃物。

**二、大殿、偏殿等主要建筑**

1. 道观、庙堂、大殿内使用的经幡、帐幔、伞盖、地毯、锦绣等可燃织物未与明火源及电气线路、用电设备保持安全距离。

2. 照明、展览背景灯长时间通电和超年限使用。

3. 未在大殿内方便取用的位置按组配备灭火器。

4. 藏经楼、文物仓库等场所的物品堆放不符合安全要求。

### 三、厨房

1. 厨房操作间与其他部位未进行有效的防火分隔。

2. 使用管道燃气的，燃气管线、连接软管、灶具等老化、超出使用年限，未按照规范要求设置燃气报警和紧急切断装置；使用瓶装液化石油气的，钢瓶未安全存放或钢瓶存放量过多。

3. 油烟管道未按照要求及时清理。

4. 厨房未按标准配备消防设施和器材。

### 四、文物建筑单位内宿舍

1. 宿舍疏散通道、安全出口数量不足或锁闭、堵塞、占用。

2. 工作人员、僧人、居士在宿舍内违规使用明火；违规使用大功率电器；违规停放电动自行车及充电；私拉乱接电气线路。

3. 新建设的宿舍未按照标准配备消防设施器材。

4. 宿舍外窗设置铁栅栏等影响疏散逃生的障碍物。

5. 使用可燃夹芯泡沫彩钢板搭建宿舍，宿舍内使用易燃可燃材料进行分隔、装饰。

### 五、举办大型活动现场

1. 文物建筑保护范围内举办祭祀、庙会、游园、展览、纪念日等大型活动时或节假日旅游高峰期，未按照要求制订专门的应急疏散预案，未实行限流措施，人员流动超出最大承载人数。

2. 举办大型活动现场布置施工违规使用大功率用电设备，临时加装的亮化灯具、LED屏幕、灯箱等用电设备超出线路荷载，电气线路敷设、连接不规范，活动结束未及时断电等。

### 六、文物保护工程施工现场

1. 违规进行电焊、气焊、切割等明火作业。

2. 进行明火作业未落实有效防火措施。

# 第二章 文物建筑消防安全检查要点

## 第一节 消防安全管理

### 一、消防档案

#### （一）消防档案要求

消防档案应包括消防安全基本情况和消防安全管理情况，档案内容翔实，能全面反映单位消防工作基本情况，并附有必要的图表，根据实际情况及时更新。

#### （二）消防安全基本情况档案

1. 单位基本概况和消防安全重点部位情况，位于偏远地区的文物建筑可以将附近可用的消防水源作为重点部位进行标注。

2. 消防组织和各级消防安全责任人。

3. 微型消防站设置及人员、消防装备配备情况。

4. 相关租赁合同。

5. 消防安全管理制度和保证消防安全的操作规程，灭火和应急疏散预案。

6. 消防设施、灭火器材配置情况。

7. 专职消防队、志愿消防队人员及其消防装备配备情况。

8. 消防安全管理人、自动消防设施操作人员、电气焊工、电工、易燃易爆危险品操作人员的基本情况。

9. 新增消防产品质量合格证，新增建筑材料和室内装修、装饰材料的防火性能证明文件。

## （三）消防安全管理情况档案

1. 消防安全例会记录或会议纪要、决定。

2. 消防救援机构填发的各种法律文书。

3. 消防设施定期检查记录、自动消防设施全面检查测试的报告（要求每年进行一次检测）、单位与具有相关资质的消防技术服务机构签订的委托检测和维修保养合同以及维修保养的记录（记录要有消防技术服务机构公章和人员签字）。

4. 火灾隐患、重大火灾隐患及其整改情况记录。

5. 消防控制室值班记录。

6. 防火检查、巡查记录。

7. 有关燃气、电气设备检测，动火审批，厨房烟道清洗等工作的记录资料。

8. 消防安全培训记录。

9. 灭火和应急疏散预案的演练记录。

10. 各级和各部门消防安全责任人的消防安全承诺书。

11. 火灾情况记录。

12. 消防奖励情况记录。

## 二、消防安全责任制落实

实地抽查提问消防安全责任人、管理人，检查是否熟知以下工作职责：

## （一）消防安全责任人工作职责

1. 贯彻执行消防法律法规，保障单位消防安全符合国家消防技术标准，掌握本单位的消防安全情况，全面负责本场所的消防安全工作。

2. 统筹安排本场所的消防安全管理工作，批准实施年度消防工作计划。

3. 为本单位的消防安全管理工作提供必要的经费和组织保障。

4. 确定逐级消防安全责任，批准实施消防安全管理制度和保障消防安全的操作规程。

5. 组织召开消防安全例会，组织开展防火检查，督促整改火灾隐患，及时处理涉及消防安全的重大问题。

6. 根据有关消防法律法规的规定建立专职消防队、志愿消防队（微型消防站），并配备相应的消防器材和装备。

7. 针对本场所的实际情况，组织制订符合本单位实际的灭火和应急疏散预案，并实施演练。

**（二）消防安全管理人工作职责**

1. 拟订年度消防安全工作计划，组织实施日常消防安全管理工作。

2. 组织制定消防安全管理制度和保障消防安全的操作规程，并检查督促落实。

3. 拟订消防安全工作的经费预算和组织保障方案。

4. 组织实施防火检查和火灾隐患整改。

5. 组织实施对本单位消防设施、灭火器材和消防安全标志的维护保养，确保其完好有效和处于正常运行状态，确保疏散通道、走道和安全出口、消防车通道畅通。

6. 组织管理专职消防队或志愿消防队（微型消防站），开展日常业务训练，组织初起火灾扑救和人员疏散。

7. 组织从业人员开展岗前和日常消防知识、技能的教育和培训，组织灭火和应急疏散预案的实施和演练。

8. 定期向消防安全责任人报告消防安全情况，及时报告涉及消防安全的重大问题。

9. 管理单位委托的物业服务企业和消防技术服务机构。

10. 单位消防安全责任人委托的其他消防安全管理工作。

未确定消防安全管理人的单位，上述规定的消防安全管理工作由单位消防安全责任人负责实施。

**三、消防安全管理制度**

**（一）消防安全制度内容**

1. 消防安全教育、培训。

2. 防火巡查、检查；安全疏散设施管理。

3. 消防控制室值班。

4. 消防设施、器材维护管理。

5. 用火、用电安全管理。

6. 微型消防站的组织管理。

7. 灭火和应急疏散预案演练。

8. 燃气和电气设备的检查和管理。

9. 火灾隐患整改。

10. 消防安全工作考评和奖惩。

11. 其他必要的消防安全内容。

**（二）多产权单位管理**

1. 应明确多产权、多使用单位或者承包、租赁、委托经营单位消防安全责任。

2. 消防车通道、涉及公共消防安全的疏散设施和其他建筑消防设施应当由产权单位或者委托管理的单位统一管理。

3. 在与商户或业主签订相关租赁或者承包合同时，应在合同内明确各方的消防安全职责。各业主应当在各自职责范围内履行职责。

4. 实行统一管理时，应制定统一的管理标准、管理办法，明确隐患问题整改责任、整改资金、整改措施。

**（三）防火巡查、检查**

1. 翻阅《防火巡查记录》《防火检查记录》，查看文物建筑对公众开放期间，是否每2小时进行一次防火巡查，是否进行夜间防火巡查，是否每个月进行一次防火检查；是否如实登记火灾隐患情况。

2. 《防火巡查记录》《防火检查记录》中，巡查、检查人员和管理人是否分别在记录上签名，并通过核对笔迹的方式确定签字的真实性；

3. 对照场所的《防火巡查记录》《防火检查记录》中记录的隐患，实地查看整改及防范措施的落实情况。

**（四）消防安全培训教育**

1. 应对全体人员至少每半年进行一次消防安全培训，对新进入人员应进行岗前消防安全培训。

2. 培训内容应以用火用电等火灾风险及防范常识，灭火器和消火栓的使用方法，防毒防烟面具的佩戴，人员疏散逃生和引导疏散逃生知识等为主。

3. 查看人员消防安全培训记录、培训照片等资料是否真实，是否记明培训的时间、参加人员、内容，参培人员是否签字，随机抽查人员消防安全"四个能力"（即检查消除火灾隐患能力、组织扑救初起火灾能力、组织人员疏散逃生能力、消防宣传教育培训能力）掌握情况。

| 消防安全教育培训记录表 | | | |
|---|---|---|---|
| 培训时间 | | 培训地点 | |
| 参加人数 | | 授课人 | |
| 参加培训人员： | | | |
| 培训内容：<br>**消防安全知识"三懂"**<br>一、懂本单位火灾危险性<br>　　1. 防止触电；2. 防止引起火灾；3. 可燃、易燃品、火源。<br>二、懂预防火灾的措施<br>　　1. 加强对可燃物质的管理；2. 管理和控制好各种火源；3. 加强电气设备及其线路的管理；4. 易燃易爆场所应有足够的适用的消防设施，并要经常检查做到会用、有效。<br>三、懂灭火方法<br>　　1. 冷却灭火方法；2. 隔离灭火方法；3. 窒息灭火方法；4. 抑制灭火方法。<br>**消防安全知识"四会"**<br>一、会报警<br>　　1. 大声呼喊报警，使用手动报警设备报警；2. 如使用专用电话、手动报警按钮、消火栓按键击碎等；3. 拨打119火警电话，向当地消防救援机构报警。 | | | |

**二、会使用消防器材**

拔掉保险销，握住喷管喷头，压下提把，对准火焰根部即可。

**三、会扑救初期火灾**

在扑救初期火灾时，必须遵循：先控制后消灭，救人第一，先重点后一般的原则。

**四、会组织人员疏散逃生**

1. 按疏散预案组织人员疏散；2. 酌情通报情况，防止混乱；3. 分组实施引导。

**消防安全"四个能力"基本内容**

1. 检查消除火灾隐患能力：查用火用电，禁违章操作，查通道出口，禁堵塞封闭，查设施器材，禁损坏挪用，查重点部位，禁失控漏管；2. 扑救初级火灾能力：发现火灾后，起火部位员工1分钟内形成第一灭火力量，火灾确认后，单位3分钟内形成第二灭火力量；3. 组织疏散逃生能力：熟悉疏散通道，熟悉安全出口，掌握疏散程序，掌握逃生技能；4. 消防宣传教育能力：消防宣传人员，有消防宣传标志，有全员培训机制，掌握消防安全常识。

**微型消防站"三知四会一联通"**

1. "三知"：微型消防站队员要知道单位内部消防设施位置、知道疏散通道和出口、知道建筑布局和功能；2. "四会"：会组织疏散人员、会扑救初起火灾、会穿戴防护装备、会操作消防器材；3. "一联通"：消防救援支队或大中队与微型消防站、微型消防站与队员保持通信联络畅通。

培训照片：

**（五）灭火和应急疏散预案及演练**

1. 应至少每半年组织一次全员参与的灭火和应急疏散预案演练。

2. 翻阅灭火和应急疏散预案，查看是否有针对性地制订灭火和应急疏散预案，是否根据建筑改造、人员调整等情况，及时进行修订。灭火和应急疏散预案应当至少包括下列内容：

（1）建筑的基本情况、重点部位及火灾风险分析。

（2）明确火灾现场通信联络、灭火、疏散、救护、对接消防救援力量等任务的负责人、组成人员及各自职责。

（3）火警处置程序。

（4）应急疏散的组织程序和措施。

（5）扑救初起火灾的程序和措施。

（6）通信联络、安全防护和人员救护的组织与调度程序和保障措施。

3. 翻阅演练记录、照片等材料，查看演练的时间、地点、内容、参加人员是否属实，演练是否以人员集中、火灾危险性较大和重点部位为模拟起火点、是否全员参与、是否按照预案内容进行模拟演练，并随机询问参与演练人员是否熟知本岗位职责、应急处置程序等情况。

**（六）消防宣传提示**

1. 应在安全出口处张贴"三自主两公开一承诺"（自主评估风险、自主检查安全，自主整改隐患，向社会公开消防安全责任人、管理人，并承诺本场所不存在突出风险或者已落实防范措施）公示牌。

2. 要营造单位内部宣传氛围，定期利用内部LED电子显示屏、大屏幕和楼内广播等滚动播放消防安全常识。

3. 各楼层在显著位置张贴宣传挂图以及安全疏散逃生示意图，疏散指示图上应标明疏散路线、安全出口和疏散门、人员所在位置和必要文字说明。

4. 制冷设备房、配电室、厨房和库房等重点部位张贴火灾风险提示。

## 第二节　微型消防站建设

设有消防控制室的文物建筑应建立微型消防站，并按以下要求设置：

### 一、人员设置

1. 人员数量设置原则上不少于6人。

2. 应结合实际设站长、队员等岗位。

3. 站长由该场所消防安全管理人担任，队员由其他人员担任。

### 二、日常工作职责

1. 应定期组织开展业务训练，每个月至少开展一次全员拉动测试，大型活动前要适当增加疏散逃生的演练。

2. 人员应保持随时在岗在位，确保接到火警信息后能各负其责，"3分钟到场"进行处置。

3. 要具备"三知四会"能力，即知道消防设施和器材位置、知道疏散通道和出口、知道建筑布局和功能；会组织疏散人员、会扑救初起火灾、会穿戴防护装备和会操作消防器材。

4. 站长职责

（1）负责微型消防站日常管理。

（2）组织制订及落实各项管理制度和灭火应急预案。

（3）组织防火巡查。

（4）组织消防宣传教育和应急处置训练。

（5）指挥初起火灾扑救和人员疏散。

（6）对发现的火灾隐患和违法行为进行及时整改。

5. 队员职责

（1）应熟练掌握消防设施、器材的性能和操作使用方法。

（2）熟悉设施器材的设置位置和灭火应急预案内容，发生火灾时主要负责扑救初起火灾、组织人员疏散工作。

（3）日常负责防火安全巡查检查工作。

6. 重要保卫时段工作职责

在重大活动、重要节假日和重要时间节点，加强力量重点防护，并做好如下工作：

（1）对单位内部疏散通道、厨房、库房等重点区域开展一次消防安全自查。

（2）对电气线路敷设、电器产品的使用开展一次检查。

（3）对自动消防设施进行一次联动测试。

（4）开展一次全员培训和应急疏散演练。

（5）将活动详情和应急处置预案报告给当地消防救援部门。

**三、器材配备**

1. 微型消防站应设置人员值守、器材存放等用房，可与消防控制室合用；有条件的，可单独设置。可根据需要在建筑之间分区域设置消防器材存放点。

2. 应根据扑救初起火灾需要，配备一定数量的灭火器、水枪、水带等灭火器材；配置外线电话、手持对讲机等通信器材；有条件的站点可选配消防头盔、灭火防护服、防护靴、破拆工具等器材。

**四、火场处置流程**

1. 发现火灾后，应向消防控制室报告火灾情况，并利用就近的消火栓、灭火器、消防水桶等器材扑救火灾。

2. 消防控制中心确认火警信息后，应立即启动消防应急广播等消防设施，同时报火警119，通知相关人员迅速开展应急处置工作。

3. 负责灭火工作的人员应快速前往起火点，进行灭火。

4. 负责疏散工作的人员应佩戴防毒防烟面罩，指挥、引导各楼层人员向安全出口撤离。

5. 负责对接消防救援力量的人员应在室外将到场的消防车引向距起火点最近的安全出口处。

# 第三节　消防安全重点部位

## 一、大殿、偏殿等建筑

1. 是否违规燃灯、烧纸、焚香、点蜡。

2. 照明、背景灯具设置及电气线路敷设情况是否符合要求。

3. 抽查是否设置明显的防火标志标识。太平池、消防水缸等辅助消防用水设施、容器储水情况是否正常。

4. 检查殿内使用的经幡、帐幔、伞盖、地毯、锦绣等可燃织物是否与明火源及电气线路、电器产品保持安全距离。

## 二、文物库房等仓库

1. 查看仓库是否违规设置易燃可燃装饰物，是否私拉乱接电气线路，电气线路是否违规穿越或直接敷设在可燃材料上，是否采取穿管保护措施。开关箱是否在库房外单独安装，工作人员离开库房是否落实拉闸断电。

2. 检查仓库是否违规使用电炉、电暖气等电加热器具；查看灯具是否安装防护罩。

3. 核对仓库是否超过规定储量，是否违规存放易燃易爆物品。查看是否与其他场所进行混合设置，是否违规采用易燃彩钢板搭建仓储场所和临时用房。

## 三、外租商户和居民、宗教、工作人员居住生活建筑

1. 抽查是否违规设置经营性商铺、公共娱乐场所、人员居住场所，是

否违规搭建临时经营摊位。

2. 抽查照明灯具设置及电气线路敷设情况是否符合要求，是否违规使用电暖器、电熨斗、电热毯等大功率电器。

3. 查看是否违规储存、使用易燃易爆物品。

### 四、厨房

1. 检查厨房是否与其他区域采取防火分隔措施。

2. 查看炉具是否定期检测和保养，燃气管道、法兰接头、仪表、阀门是否存在破损、泄漏和老化现象，液化石油气钢瓶是否安全存放或存放量过多。

3. 检查燃气管线、连接软管、灶具是否老化、超出使用年限，是否设置燃气紧急切断装置。

4. 核查排烟罩、油烟道是否定期清洗。

### 五、建筑周边及室外

1. 文物建筑之间及毗邻建筑是否存在私搭乱建占用防火间距问题，是否违规搭建易燃可燃彩钢板建筑。

2. 文物建筑保护范围内是否堆放柴草、木料等可燃易燃物。

3. 建筑外墙的装饰灯具、电气线路是否出现老化现象。

4. 地处森林、郊野的文物建筑周边是否开辟防火隔离带。

### 六、用火用电管理

1. 文物建筑内严格控制使用明火。用于宗教活动场所或者民居建筑等确需使用明火时，应加强火源管理，采取有效防火措施，并由专人看管，必须做到人离火灭。禁止在非宗教场所文物建筑内用火。

2. 文物建筑保护范围内严禁生产、使用、储存和经营易燃易爆危险品，严禁燃放烟花爆竹。

3. 用于居民生产生活的民居类文物建筑和其他作为住宿、餐饮等功能的文物建筑，因生产生活需要使用燃气，堆放柴草等可燃物，要采取切实有效的安全防护措施。其他文物古建筑内，严禁使用燃气，不得铺设燃气管线，不得堆放柴草、木料等可燃物，并应明显设立"禁止燃放烟花爆竹""禁止吸烟""禁止烟火"等标志。

4. 文物建筑内应严格用电管理。元代以前建筑和具有极其重要价值的文物建筑内部，除展示照明和监测报警等用电外，不宜进行其他用电行为。

5. 文物建筑内现有的配电设备、线路、保护电器等，当选型和安装不满足相关规范规定和防火要求时，应进行改造设计。

6. 配电线路应装设短路保护和过负荷保护。

7. 有电气火灾危险的文物建筑应设置适用的电气火灾监控系统，且应将报警信息和故障信息传入消防控制室。

8. 配电线路的保护导体或保护接地中性导体应在进入文物建筑时接地，进入文物建筑后的配电线路N线与PE线应严格分开。

9. 文物建筑的配电箱外壳应为金属外壳，箱体电气防护等级室内不应低于IP54，室外不应低于IP65。

10. 文物建筑的照明光源宜使用冷光源，且灯具附件无危险高温。各种开关应采用密闭型。

11. 文物建筑中宜优先选择具有防火性能的用电设备。

12. 参观游览类文物建筑内部，除展示照明和监测报警等必须使用的设备用电外，不宜进行其他用电行为。

13. 生产类文物建筑内部，不宜使用大功率动力用电设备。

14. 居住类、经营类、办公、教学类及其他文物建筑内部，除为满足生活、经营、办公、教学等活动必需的用电设备和监测报警等设备用电外，不宜进行其他用电行为。

15. 正在修缮中的文物建筑，应做好临时用电线路、设备的防护及管理。

16. 除必须长期使用的用电设备外，文物建筑中不宜使用需长期通电运行的用电设备，用电设备使用结束后，应切断设备供电电源。

17. 文物建筑内部不应设置电动车辆充电桩。设置电动车辆充电桩应与文物建筑本体保持一定的安全距离。

18. 严禁私拉乱接电气线路，室内外电气线路应采取穿金属管等保护措施。文物建筑内宜使用低压弱电供电和冷光源照明，一般不得使用电热器具和大功率用电器具。确需使用的，要采取安全防护措施，制定并严格落实使用管理制度。

19. 安装、使用电器产品、燃气用具和敷设电气线路、管线应当符合相关标准和用电、用气安全管理规定，并定期维护保养、检测，油烟管道每季度应至少清洗一次。

## 第四节　疏散救援设施

### 一、消防车通道

1. 消防车通道应保持畅通，不应被占用、堵塞、封闭。

2. 不应设置妨碍消防车通行的停车泊位、路桩、隔离墩、地锁等障碍物，并须设有严禁占用等标志，在地面设有标识线。

3. 消防车道靠建筑外墙一侧的边缘距离建筑外墙不宜小于5m。

4. 消防车道与建筑之间不应设置妨碍消防车操作的树木、架空管线等障碍物。

5. 消防车道的净宽度和净空高度均不应小于4m；消防车道的坡度不应大于10%；兼做消防救援场地的消防车道，坡度尚应满足消防车停靠和消防救援作业的要求。

### 二、安全出口及疏散楼梯

1. 安全出口数量不应少于2个，因客观条件限制不能满足前述要求时，应根据实际情况限制文物建筑的使用方式和同时在内的人数。疏散门应向外开启，不能采用卷帘门、转门和侧拉门，不能上锁和封堵，应保持畅通。

2. 疏散楼梯的净宽度不应小于1.1m，其中高层公共建筑的疏散楼梯净宽度不应小于1.2m，疏散门和安全出口的净宽度不应小于0.8m。

3. 楼梯间内不能堆放杂物，严禁设置地毯、窗帘、KT板广告牌等可燃材料。

4. 在每层明显位置张贴安全疏散指示图，指示图上应标明疏散路线、安全出口、人员所在位置和必要的文字说明。

5. 对社会开放期间应确保安全出口、疏散通道通畅，不得堵塞、占用、封闭安全出口、疏散楼梯、疏散走道、前室等。常闭式防火门应保持常闭。

6. 不得在建筑门厅、楼梯间、疏散通道、安全出口或室内其他地方停放电动自行车或为其充电。不得从室内飞线为电动自行车充电。

## 第五节　消防设施器材

### 一、疏散指示标志

1. 疏散指示标志不应被遮挡。

2. 应选择采用节能光源的灯具，标志灯应选择持续型灯具。其中安全出口标志灯应安装在安全出口或疏散门内侧上方居中的位置。疏散指示标志应设置在疏散走道及其转角处距地面高度1m以下的墙面或地面上，当安装在疏散走道、通道上方时，室内高度不大于3.5m的场所，标志灯底边距地面的高度宜为2.2m～2.5m；室内高度大于3.5m的场所，特大型、大型、中型标志灯底边距地面高度不宜小于3m，且不宜大于6m。

3. 灯光疏散指示标志的标志面与疏散方向垂直时，灯具的设置间距不应大于20m；标志灯的标志面与疏散方向平行时，灯具的设置间距不应大于10m。

### 二、应急照明灯

1. 安全出口正上方、疏散走道内及建筑面积大于200m²的餐厅等人员密集场所应在顶棚墙面上设应急照明灯。

2. 平时主电状态是绿灯、故障状态是黄灯、充电状态是红灯，现场按下测试按钮，应保持常亮状态。

3. 连续供电时间不应少于0.5h。

### 三、灭火器

1. 文物建筑一般都是配备ABC干粉灭火器，压力表指针在绿区；机房、配电室等电气设备用房应配备二氧化碳灭火器。

2. 灭火器应有红色消防产品身份标识，三级以上文物建筑配备的干粉灭火器应为5kg及以上的产品；四级文物建筑配备的干粉灭火器应为3kg及以上的产品。

3. 灭火器应放在明显和便于取用的地点，灭火器箱不应被遮挡、上锁，开启应灵活。

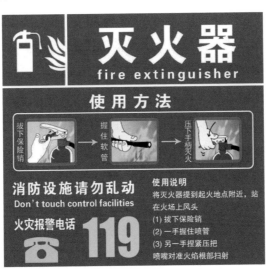

4. 灭火器的零部件齐全、无松动、脱落或损伤，铅封等保险装置无损

坏或遗失。

5. 喷射软管应完好，无明显裂纹，喷嘴无堵塞。

6. 灭火器的筒体无明显缺陷、无锈蚀（特别查看筒底）。

7. 干粉灭火器、二氧化碳灭火器出厂期满5年后进行首次维修，之后每2年维修一次；二氧化碳灭火器的报废期限为12年，干粉灭火器的报废期限为10年。

8. 手提式灭火器宜设置在灭火器箱内或挂钩、托架上，其顶部离地面高度不应大于1.5m；底部离地面高度不宜小于0.08m。灭火器箱不得上锁。

### 四、防火门

1. 常闭式防火门应有红色的消防产品合格标志，且处于关闭状态，门扇启闭应灵活，无关闭不严的现象；门框、门扇、门槛、把手、锁、防火密封条、闭门器、顺序器等组件应保持齐全、好用。

2. 常闭式防火门应有"保持常闭"字样的标识。

3. 门框上的缝隙、孔洞应采用水泥砂浆等不燃烧材料填充。

4. 释放单扇防火门，门扇应能自动关闭；释放双、多扇防火门，观察门扇是否能实现顺序关闭，并保持严密。

5. 检查常开式防火门时，按下常开防火门释放器的手动按钮，防火门应自行关闭且严密，闭门信号应传送至消防控制室。

### 五、室内消火栓系统

1. 消火栓不应被埋压、圈占、遮挡。

2. 消火栓箱门应张贴操作说明，能正常开启且开启角度不小于120°。

3. 水带、水枪、接口应齐全，水带不应破损，水带与接口应牢靠，消火栓栓口方向应向下或与墙面成90°角，检查时，应在顶层进行出水测试，水压符合要求。

4. 设有消火栓报警按钮的，接线应完好，有巡检指示功能的其巡检指示灯应闪亮。

5. 按下消火栓按钮，指示灯应常亮，火灾报警控制柜应收到反馈信号。

## 六、室外消火栓系统

1. 室外消火栓不应被埋压、圈占、遮挡。

2. 地下消火栓应有明显标识，井盖能顺利开启，井内不能存有积水以及妨碍操作的杂物等。

3. 使用消火栓扳手检查消火栓闷盖、阀杆操作应灵活。

4. 连接消防水带测试室外消火栓，供水压力应符合规定，栓口无漏水现象。

5. 冬季应做好防寒措施。

## 七、火灾自动报警系统

### （一）火灾探测器

1. 火灾探测器0.5m范围内不应有障碍物。

2. 火灾探测器（常见感烟探测器）平时巡检灯应闪亮，现场对顶棚的感烟探测器进行吹烟测试，感烟探测器应处于常亮状态，报警控制器应能够显示火灾报警信号，能打印火灾信息，系统显示时间应和实际时间一致。

3. 不得出现被摘除、损坏或是未摘掉防尘罩等违法行为。

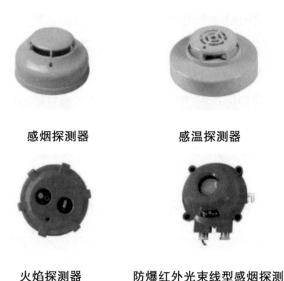

感烟探测器　　　　　　感温探测器

火焰探测器　　防爆红外光束线型感烟探测

### （二）手动火灾报警按钮

1. 查看具有巡检指示功能的手动报警按钮的指示灯应正常闪亮，表面无破损，周围不应存在影响辨识和操作的障碍物。

2. 按下手动报警按钮进行报警试验，报警确认灯应常亮，核实火灾报警控制器应接收到其发出的火警信号。

### 八、自动喷水灭火系统

1. 检查末端试水装置组件（试水阀门、试水接头、压力表）是否完整，压力不应低于0.05MPa。

2. 末端试水装置应有醒目标志，地面应设置足够排水能力的排水设施。

3. 打开末端试水放水阀进行放水试验，5分钟内消防水泵应自动启动，同时火灾报警控制器上应有水流指示器、压力开关报警信号及消防水泵的动作反馈信号。

### 九、消防水泵

1. 消防水泵房应设置应急照明和消防电话，采用耐火极限不低于2.0h的防火隔墙和1.5h的楼板与其他部位分隔；疏散门应直通室外或安全出口，开向疏散走道的门应采用甲级防火门。

2. 消防水泵应注明系统名称，应有主、备泵标识，消防给水设施的管道阀门应有开/关的状态标识。

3. 消防水泵控制柜转换开关应处于"自动"运行模式；将消防水泵控制的转换开关置于"手动"模式，分别按下主、备泵的"启动"按钮，待"启动"指示灯亮起再按下相应的"停止"按钮，水泵应能正常启动和停止。

4. 在消防控制室消防联动控制器上进行手动启、停消防泵的操作，泵组启、停应正常，控制器应有消防泵启动、动作反馈和停止的信号显示。

### 十、稳压设施

1. 气压罐及其组件外观，不应存在锈蚀、缺损情况，标志应清晰、完整。

2. 电气控制箱应处于通电状态，将电气控制箱旋钮调至"手动"模式，分别按下主、备泵的"启动"按钮，待"启动"指示灯亮起再按下相应的"停止"按钮，稳压泵应能正常启动和停止。

3. 稳压系统的电接点压力表应有启停泵数值参数标识。

**十一、消防水泵接合器**

1. 水泵接合器设置应不被埋压、圈占、遮挡，应设置永久性标牌标明所属系统和区域，相关组件应完好有效。

2. 地下式水泵接合器井内无积水，应有防冻措施。

**十二、防排烟设施**

防烟系统分为自然通风系统和机械加压送风系统；排烟系统分为自然排烟系统和机械排烟系统。

**（一）自然排烟设施**

自然排烟主要利用可开启的外窗进行排烟，外窗不应设置栅栏和影响逃生、灭火救援的广告牌等障碍物；确需设栅栏的，应能从内部易于开启。

**（二）机械排烟系统**

1. 排烟风机的标牌应牢固，应有注明系统名称和编号的醒目标识；风机与风管连接处应严密，连接材料不应老化和破损且周围不应存放可燃物。

2. 排烟风机房内不应堆放杂物，应设置应急照明和消防电话。

3. 控制柜应有注明系统名称和编号的醒目标识；仪表、指示灯应正常，转换开关应处于"自动"运行模式。

4. 在风机控制柜或消防控制室消防联动控制器转换开关处于"自动"运行模式时，按下"启动"按钮，风机应能正常启动并有反馈信号，在排烟口处用纸张进行风向和风量的测试，纸张应能被吸住，按下"停止"按钮，风机应停止运行并有反馈信号。

**（三）机械加压送风系统**

1. 风机的标牌应牢固，应有注明系统名称和编号的醒目标识；风机与风管连接处应严密，连接材料不应老化和破损且周围不应存放可燃物。

2. 风机房内不应堆放杂物，应设置应急照明和消防电话。

3. 控制柜应有注明系统名称和编号的醒目标识；仪表、指示灯应正常，转换开关应处于"自动"运行模式。

4. 在风机控制柜或消防控制室消防联动控制器转换开关处于"自动"运行模式时，按下"启动"按钮，风机应能正常启动并有反馈信号，在送烟口处进行风向和风量的测试，送风口应能明显感觉有风吹出，按下"停止"按钮，风机应停止运行并有反馈信号。

**十三、消防控制室**

1. 疏散门应直通室外或安全出口，开向建筑内的门应采用乙级防火门。

2. 室内应设置应急照明以及外线电话。

3. 应实行24小时专人值班制度，每班不少于2人，值班人员应持有四级（中级）及以上等级证书。

4. 应查阅《消防控制室值班记录》（值班人员应每2小时记录一次值班情况），通过查阅火灾报警控制器的历史信息，对比值班记录，检查值班人员记录火警或故障等信息是否及时。

5. 查阅交接班记录，检查交接班记录是否填写规范并通过对照笔迹的方式查看是否由本人签字。

6. 火灾报警控制器应设在自动状态，按下火灾报警控制器自检按钮，火灾报警声、光信号应正常，切断火灾报警控制器的主电源，备用电源应自动投入运行。

7. 应询问值班人员是否熟知火灾处置流程。

8. 应存放各类消防资料、台账及火灾报警地址码图。

# 第三章　文物建筑消防安全管理相关文件

## 国家文物局　应急管理部关于进一步加强
## 文物消防安全工作的指导意见

各省、自治区、直辖市文物局（文化和旅游厅／局）、应急管理厅（局）、消防救援总队，新疆生产建设兵团文物局、应急管理局：

　　火灾是危害文物安全的主要风险。近年来，随着经济社会快速发展，文物、博物馆单位火灾诱因增加，文物火灾事故时有发生，文物消防安全形势较为严峻。为深入贯彻习近平总书记关于文物安全工作的重要指示精神，落实中共中央办公厅、国务院办公厅《关于加强文物保护利用改革的若干意见》《国务院办公厅关于进一步加强文物安全工作的实施意见》，贯彻"预防为主、防消结合"的方针，强化文物消防安全责任，增强火灾预警防控能力，加强文物消防安全管理，现提出以下意见。

### 一、健全完善责任体系

　　（一）明确文物消防安全责任。各级文物行政部门和消防救援机构要推动地方各级政府切实履行文物安全属地管理主体责任，将文物、博物馆单位周边严重影响文物消防安全的建筑物、构筑物，纳入地方政府搬迁改造计划一并整改解决；要针对本辖区内文物资源特点和保护利用等情况，认真分析研判文物消防安全形势，研究火灾防控措施。各级文物行政部门要明确承担文物消防安全监管的内设机构和人员，实施文物安全直接责任人公示公告制度，按照"谁主管谁负责、谁所有谁负责、谁使用谁负责"

的要求，落实文物管理使用人的消防安全直接责任。

（二）健全消防组织。文物、博物馆单位应当设置（明确）内设专门机构，或者确定专（兼）职消防管理人员，具体实施消防安全管理工作。距离消防救援队较远的全国重点文物保护单位和国家一级博物馆要建立专职消防队，结合实际需要配足配好消防器材装备，组织队员定期开展防火培训和灭火演练。其他文物、博物馆单位要按要求建立微型消防站，配齐人员和消防器材装备，加强值班备勤和巡逻检查。

（三）落实文物消防安全职责。文物、博物馆单位主要负责人为消防安全责任人，统筹安排本单位消防安全工作。属于消防安全重点单位的文物、博物馆单位应当确定消防安全管理人，负责组织实施日常消防安全管理工作，制定落实消防工作计划和消防安全制度，履行开展防火巡查和检查、火灾隐患整改、消防安全宣传教育培训、灭火和应急疏散演练等职责。文物、博物馆单位要建立和落实逐级消防安全责任制和岗位消防安全责任制，明确各级各岗位消防安全责任人员和职责任务。文物、博物馆单位安全保卫机构要做好日常消防安全管理和监督检查工作。

**二、强化消防安全管理**

（四）科学评估火灾风险。文物、博物馆单位要坚持源头治理，根据本单位保护、管理、利用现状和周边环境状况，全面查找可能引发火灾事故的诱因和风险源，分析评估风险种类和程度，列出火灾风险隐患清单。建立安全风险预警机制，实施风险等级管理，分类逐项提出风险控制要求，有针对性地采取火灾风险防范措施。

（五）加强制度建设。文物、博物馆单位应建立健全消防安全教育培训、消防检查巡查、日常值班值守、用火用电管理、易燃易爆危险品管理、消防设施设备运行维护检测、灭火和应急疏散预案演练、火灾隐患整改等各项消防安全管理制度。要建立制度实施保障机制，通过日常监督检查、考核奖惩等方式，将制度落实到各岗位和消防安全管理各环节，实现消防安全管理规范化、制度化、精细化。

（六）严格生产生活用火。文物建筑和博物馆、纪念馆室内、廊道禁止使用明火，禁止吸烟，在重点要害场所应设置"禁止烟火"标志。文物保护单位保护范围内严格控制使用明火，并根据文物消防安全需要明确禁止吸烟区域。文物建筑用于宗教活动场所或者民居建筑等确需动用明火的，必须加强火源管理，指定安全地点，采取有效防火措施，并由专人看管，做到人离火灭。非宗教活动场所的文物建筑保护范围内不得燃灯、烧纸、焚香。

（七）严格安全用电。文物、博物馆单位要按照有关标准要求全面评估本单位用电安全风险，每年至少开展一次电气安全检测维护。严格落实用电管理制度，规范敷设电气线路，改造更换老旧电气线路。严查严控电气线路敷设不规范、用电负荷超额、未设短路保护装置、私拉乱接电气线路、使用"三无"电器产品等问题。文物建筑上不得直接安装灯具搞"亮化工程"，在文物建筑外安装灯具的要保持安全距离。

（八）严格易燃可燃物品管理。文物建筑保护范围内严禁生产、使用、储存和经营易燃易爆危险品，严禁燃放烟花爆竹。用于生产、生活和经营使用的文物建筑，确需使用燃气或堆放柴草等可燃物，要采取切实有效的安全防护措施。其他文物建筑内严禁使用燃气，不得铺设燃气管线，不得堆放柴草、木料等可燃物，并应设置"禁止燃放烟花爆竹"等标志。

（九）加强文物保护工程工地管理。文物保护工程施工工地要制定并实施消防安全制度，配备临时消防水源和消防设施设备，施工进场前应对作业人员进行消防安全培训，施工方法和施工技术条件要符合消防要求。电焊、气焊、喷灯等明火作业要采取严格的防火措施，施工现场易燃可燃物品要安全存放，现场废料、垃圾等可燃物品要及时清理。员工集体宿舍与施工作业区要分开设置，因施工需要搭建的临时性建筑要符合防火要求。

（十）加强大型活动安全管理。在文物建筑保护范围内举办祭祀、庙会、游园、展览等大型活动，要按规定提前将活动方案和安全保卫工作方案报当地公安机关审核同意。主办单位应进行防火检查，增设必要的消防设施、设备和灭火器材，现场安排专（兼）职消防人员等应急力量，制订灭火和应急疏散预案并预先组织演练，活动期间要对重要场所和部位进行巡逻看护。

### 三、严格检查整治火灾隐患

（十一）检查整改火灾隐患。文物、博物馆单位每月至少组织开展一次防火检查，每日定期开展防火巡查。对社会开放期间，每2小时开展一次防火巡查，并强化夜间巡查。对检查发现的火灾隐患，要及时整改消除。对不能立即整改的火灾隐患，要制订整改方案，明确整改期限，并采取临时防护措施，加强人员值守。

（十二）开展督导检查。各级文物行政部门和消防救援机构要加强对本辖区内文物、博物馆单位的监督检查，重点督促整改电气隐患、生产生活用火、违规燃香烧纸、施工操作违规用火、易燃易爆物品管理不善和消防设施设备不完善、安全管理松懈等突出隐患和问题，提升文物、博物馆单位火灾防控能力和水平。各级文物行政部门和消防救援机构要对存在重大火灾隐患的文物、博物馆单位实施挂牌督办、跟踪督促隐患整改。

### 四、加强消防基础建设

（十三）加强消防设施建设。各级文物行政部门要深入推进实施"文物平安工程"，加大文物消防设施设备投入力度，结合文物建筑修缮、博物馆改造工程同步增设消防设施。文物建筑消防工程实施要坚持"最小干扰"的文物保护原则，不得破坏文物本体及历史环境风貌。

（十四）严格消防设施管理。要充分发挥消防系统功能作用，保障正常有效运行，火灾自动报警和灭火系统操控人员应持证上岗。对文物消防设施设备器材，要每月进行一次维护保养，每年进行一次全面检测，确保功能正常。严禁擅自关闭、停用火灾自动报警和灭火系统。要确保文物、博物馆单位的疏散通道和安全出口畅通，不得占用防火间距，严禁堵塞、封闭消防车通道。

（十五）强化科技支撑。要充分应用先进适用的设施装备，积极推广运用远程监管、智能监控、安全用电、高效防火灭火等方面的先进设施设备和技术，增强文物火灾自动报警和灭火能力，利用无人机等装备对古村落、大型文物建筑群实施智能巡查，不断提升物防技防水平。

**五、增强应急处置能力**

（十六）科学编制预案。各基层文物行政部门和消防救援机构要加强工作联动，针对本辖区重点文物、博物馆单位主要火灾风险、建筑结构材质、空间布局、收藏可移动文物和保护利用现状等情况，按照"一家一策"的要求，指导文物、博物馆单位制订应急处置预案。文物、博物馆单位要按照及时、适用、有效的原则，制订本单位灭火和应急疏散预案，明确每班次、各岗位人员及其报警、疏散、扑救初起火灾的职责，每半年至少开展一次消防演练。在宗教活动、民俗活动等人员集中的重点时段，应制订专门预案。各地消防救援机构要加强对本辖区文物、博物馆单位消防演练指导，修订完善灭火救援预案，一旦发生火灾，要做到灭早灭小、科学处置，最大限度减少文物和财产损失。

（十七）有效处置火灾事故。文物、博物馆单位发生火灾事故，要立即报警并启动灭火和应急疏散预案，组织扑救初起火灾，有序组织人员疏散，及时抢救不可移动文物。火灾事故发生后，要认真汲取经验教训，认真整改火灾隐患和问题，切实采取消防安全措施。发生火灾事故要按照规定报告，严禁瞒报、谎报、漏报、迟报。

**六、加强消防安全宣传教育**

（十八）大力开展警示教育。各级文物行政部门和各文物、博物馆单位要大力开展文物消防警示教育活动，增强安全意识，坚决杜绝麻痹思想、侥幸心理和失职渎职行为。要利用典型文物火灾案例，制作警示教育片和宣传挂图，加强对重点人群的警示性教育，增强火灾风险防范意识。

（十九）广泛开展常识宣传。各级文物行政部门要加大宣传力度，深入基层文物、博物馆单位及其周边社区，开展"入户式""网格化"宣传，并将文物消防安全宣传纳入"文化和自然遗产日""5·18博物馆日"等活动内容，引导社会力量参与和监督文物消防工作。文物、博物馆单位要在醒目位置设立消防安全警示标识，张挂消防安全宣传图标。

（二十）深入开展专业培训。文物、博物馆单位要组织各级各岗位消防安全责任人员、自动消防设施操作人员、专（兼）职消防管理人员和保安人员，每年至少开展一次消防安全培训，开展新入岗人员岗前培训，培养一批会消防管理，会操作消防设施器材，会检查整改火灾隐患，会扑救初起火灾和组织人员疏散逃生的消防安全"明白人"。

**七、严格督察问责**

（二十一）严格实施督察考评机制。各级文物行政部门要建立实施文物安全督察机制，采取书面督办、现场督查、挂牌督办、通报曝光、约谈问效等方式，对文物、博物馆单位重大火灾隐患整改和火灾事故处置等实施严格督察，要将本辖区文物、博物馆单位消防安全工作纳入政府年度安全生产和消防工作考核指标，确保消防安全责任落到实处，火灾隐患整改到位，消防安全措施切实有效。

（二十二）严格实施责任追究。文物、博物馆单位发生火灾事故的，要按照事故原因未查清不放过、责任人员未处理不放过、整改措施未落实不放过、事故教训不汲取不放过的要求，查清火灾原因，依法严肃追究主体责任、监管责任和直接责任。被列为重大火灾隐患单位的文物、博物馆单位，拒不整改隐患或者整改不力的，要依法依规严肃追责。

# 文物建筑消防安全管理十项规定

### 一、切实落实消防安全责任

文物建筑的产权人或者管理、使用人是消防安全责任主体。

文物建筑产权单位或者管理、使用单位应当依法建立并落实逐级消防安全责任制，明确各级、各岗位的消防安全职责。单位主要负责人为消防安全责任人，统筹安排本单位消防安全管理工作。属于消防安全重点单位的文物建筑应当确定消防安全管理人，负责组织实施日常消防安全管理工作，主要履行制定落实消防工作计划和消防安全制度，组织开展防火巡查和检查、火灾隐患整改、消防安全宣传教育培训、灭火和应急疏散演练等职责。

### 二、建立完善专门机构和专兼职消防队伍

文物建筑产权单位或者管理、使用单位应当设置（确定）内设专门机构，或者确定专（兼）职消防管理人员，具体实施消防安全管理工作。应当依法建立专职或者志愿消防队伍，结合实际配备相应的消防装备和灭火器材，定期开展防火灭火训练。

### 三、严格消防设施管理

对文物建筑应根据防火需要和实际情况，确定消防车通道（消防道路），配置必要的消防给水系统、消防设施、设备和器材，确定疏散通道、安全出口，保持防火间距。用于参观、游览和经营场所的文物建筑，要切实采取人员的安全保障措施。

文物建筑毗邻区域和保护范围内不得擅自扩建或搭建建（构）筑物、占用防火间距和消防车通道（消防道路）。对文物建筑消防设施、设备和器材要加强日常保养维护和定期检测，确保使用功能。

### 四、严格用火管理

文物建筑内严格控制使用明火。用于宗教活动场所或者民居建筑等确

需使用明火时，应加强火源管理，采取有效防火措施，并由专人看管，必须做到人离火灭。

**五、严格用电管理**

文物建筑内配电设备、电气线路、电器选型、安装等应符合相关规范和防火要求，并配备适用的电器火灾防控装置。文物建筑内宜使用低压弱电供电和冷光源照明，一般不得使用电热器具和大功率用电器具。确需使用的，要采取安全防护措施，制定并严格落实使用管理制度。严禁私拉乱接电气线路，室内外电气线路应采取穿金属管等保护措施。对电气线路和电器要定期检查检测，确保使用安全。

**六、严格危险品管理**

文物建筑保护范围内严禁生产、使用、储存和经营易燃易爆危险品，严禁燃放烟花爆竹。用于居民生产生活的民居类文物建筑和其他作为住宿、餐饮等功能的文物建筑，因生产生活需要使用燃气，堆放柴草等可燃物，要采取切实有效的安全防护措施。其他文物古建筑内，严禁使用燃气，不得铺设燃气管线，不得堆放柴草、木料等可燃物，并应明显设立"禁止燃放烟花爆竹""禁止吸烟""禁止烟火"等标志。

**七、严格大型活动管理**

在文物建筑保护范围内举办祭祀、庙会、游园、展览等大型活动，主办单位应进行防火检查，增设必要的消防设施、设备和灭火器材，同时制订灭火和应急疏散预案并预先组织演练。要按规定事先将活动情况和消防措施报当地公安部门审核同意后，方可举办活动。

**八、全面开展防火巡查检查**

文物建筑的消防安全责任人或管理人每季度应至少组织一次防火检查，重点检查以下内容：

（一）消防安全管理制度落实情况，管理使用单位负责人和其他员工防火意识和消防知识、技能的掌握情况；

（二）开展日常防火巡查情况；

（三）疏散通道、安全出口和消防车通道（消防道路）是否畅通，防火间距是否被占用情况；

（四）消防设施、设备和器材完好有效情况；

（五）消防水源是否满足使用需求；

（六）有无违章用火、用电、用油、用气情况；

（七）电器产品的安装、使用及其线路、管线的敷设是否符合消防技术准和管理规定；

（八）按规定允许烧香、点蜡等使用明火的场所，是否符合相关规范，并落实安全防护措施；

（九）重点部位的消防安全措施情况；

（十）火灾隐患整改和防范措施落实情况；

（十一）其他消防安全管理情况。

专（兼）职消防管理人员应当对前款规定的第（三）、（四）、（六）、（七）、（八）、（九）项内容开展日常的防火巡查；文物建筑对社会开放期间，至少每2小时进行一次防火巡查，并强化夜间巡查。

**九、切实开展消防演练**

文物建筑产权单位和管理使用单位应当制订本单位灭火和应急疏散预案，明确每班次、各岗位人员及其报警、疏散、扑救初起火灾的职责，每半年至少开展一次演练。在宗教活动、民俗活动等人员集中的重点时段，应当结合实际制订专门预案。

**十、认真开展消防安全宣传教育**

文物建筑产权单位和管理使用单位应当开展经常性消防安全教育培训，增强防火安全意识，掌握防火技能。单位人员应当懂得本单位、本岗位的火灾危险性和防火措施，会报警、会扑救初起火灾，会疏散逃生自救。要结合实际对公众开展消防宣传，在醒目位置设立消防安全警示标识，张挂消防安全宣传图标。

# 文物建筑火灾风险指南及检查指引（试行）

文物建筑是指核定公布为文物保护单位、登记公布为不可移动文物的古建筑和近现代代表性建筑等建筑物或构筑物。文物建筑火灾风险检查指引如下：

## 一、检查消防安全管理

### （一）资料档案抽查重点

1. 消防安全责任人、管理人及其消防安全职责是否明确，文物建筑的使用单位或者承包、租赁、委托经营单位消防安全责任是否明确，逐级和岗位消防安全责任制是否建立。

2. 消防安全管理制度是否健全，消防工作档案是否齐全，火灾风险隐患自知自查自改以及承诺公示制度是否建立。

3. 作为宗教活动场所使用的文物建筑的各有关部门单位的消防管理责任是否明晰，是否建立消防安全联合管理机制，各环节消防管理责任是否做到全面落实。

4. 各类消防检查、隐患整改、奖惩记录是否齐全，是否明确重点部位并实行严格管理。火灾隐患整改记录是否"闭环"，有关责任人是否签字确认。

5. 工作人员、宗教活动人员消防安全培训制度是否建立，是否开展经常性教育培训。

6. 是否组织制订符合本单位实际的灭火和应急疏散预案，是否每半年至少开展一次演练。在宗教活动、民俗活动等人员集中的重点时段，是否结合实际制订专门预案。

7. 消防控制室值班人员、电工是否取得相应职业资格证书。消防设施的维护保养、检测是否由具备从业条件的机构和执业人员实施。

**（二）现场实体抽查重点**

1. 询问消防安全责任人、管理人是否知晓自身消防安全职责，是否掌握本单位主要火灾风险以及文物建筑毗邻区域和保护范围内相关火灾风险。

2. 询问重点部门负责人是否掌握相应场所建筑消防安全管理的要求。查看施工现场管理制度是否落实，是否落实现场看护措施。

3. 询问工作人员、宗教活动人员等是否掌握本场所、本岗位火灾风险和消防安全常识。

4. 抽查是否违规搭建临时建筑或堆放可燃物品占用防火间距、私搭乱接电气线路等问题。

**二、检查火灾危险源**

**（一）用火用油用气**

1. 资料档案抽查重点：

（1）用火用油用气安全管理制度是否制定并落实。

（2）查看燃气用具的安装、使用及其管路的设计、敷设、检测维保是否由具备资质的机构实施。

2. 现场实体抽查重点：

（1）用于宗教活动场所或者民居类文物建筑等是否落实严格控制用火要求，确需使用明火时，是否加强火源管理，采取有效防护措施，并由专人看管。作为宗教活动场所使用的文物建筑是否在指定区域内燃灯、烧纸、焚香，长明灯、蜡烛是否设置由不燃材料制成的固定灯座、灯罩和烛台等安全防护措施。

（2）非宗教活动场所的文物建筑内是否存在违规燃灯、烧纸、焚香等使用明火行为。

（3）对参观游览人员携带火种及违规吸烟等行为的检查和监管措施是否落实。

（4）文物建筑内是否违规采用炭火取暖，采用燃气锅炉取暖是否落实安全防护措施。

（5）是否存在违规使用瓶装液化石油气、小型液化气炉、油气炉及其他甲、乙类液体燃料等问题。

**（二）用电情况**

1. 资料档案抽查重点：

（1）用电安全管理制度是否制定并落实。

（2）查看电气线路、防雷设施的设计、敷设、检测是否由具备资质的机构实施。

2. 现场实体抽查重点：

（1）询问电工是否会根据相关仪器仪表显示情况分析判断电气故障，是否知晓火灾时不应关闭消防电源。

（2）是否按要求安装使用漏电保护装置和电气火灾监控系统。

（3）使用漏电流模拟设备测试剩余电流探测器、漏电保护装置功能是否完好；使用红外测温仪抽测变压器、配电柜、配电箱、电气线路、插座插排等是否存在温度异常现象。

（4）文物建筑保护范围内是否违规设置架空电线；除展示照明和监测报警等用电外是否违规设置有其他用电行为；展示柜内的照明是否采用冷光源；是否违规使用卤钨灯等高温照明灯具和电加热茶壶、电磁炉、热水器、微波炉、咖啡机、电饭煲等大功率电器。

（5）电气线路选型、断路器等是否与用电负荷相匹配；明敷电气线路是否穿管保护，是否存在线路老化、绝缘层破损、线路受潮、水浸等问题，是否存在过热、烧损、熔焊、电腐蚀等痕迹；电线接头是否采用接线端子等可靠连接，电气线路、开关、插座是否直接敷设安装在可燃材料上；防雷击保护装置是否完整有效，其配电线路接地线与防雷装置是否做可靠的等电位连接。

（6）配电箱接地措施是否完好，箱内线路敷设是否正确，线路孔洞是否进行防火封堵，周围是否堆放可燃物。

（7）文物建筑内是否违规采用电暖气、电褥子取暖；文物建筑内制冷、除湿、加湿装置长时间通电，是否落实安全检查措施。

（8）电动自行车、电瓶车、电动平衡车等使用蓄电池的交通工具是否违规在文物建筑内停放、充电，工作人员是否违规将蓄电池带至文物建筑内充电。电动汽车停放、充电是否与文物建筑保持安全距离。

**三、检查重点场所及部位**

**（一）大殿、偏殿等建筑**

1. 是否违规燃灯、烧纸、焚香、点蜡。

2. 照明、背景灯具设置及电气线路敷设情况是否符合要求。

3. 抽查是否设置明显的防火标志标识。太平池、消防水缸等辅助消防用水设施、容器储水情况是否正常。

4. 检查殿内使用的经幡、帐幔、伞盖、地毯、锦绣等可燃织物是否与明火源及电气线路、电器产品保持安全距离。

**（二）文物库房等仓库**

1. 查看仓库是否违规设置易燃可燃装饰物，是否私拉乱接电气线路，电气线路是否违规穿越或直接敷设在可燃材料上，是否采取穿管保护措施。配电箱是否在库房外单独安装，工作人员离开库房是否落实拉闸断电。

2. 检查仓库是否违规使用电炉、电暖气等电加热器具；查看灯具是否安装防护罩。

3. 核对仓库是否超过规定储量，是否违规存放易燃易爆物品。查看是否与其他场所进行混合设置，是否违规采用易燃彩钢板搭建仓储场所和临时用房。

**（三）用于居住和商业活动的建筑**

1. 抽查是否违规设置经营性商铺、公共娱乐场所、人员居住场所，是否违规搭建临时经营摊位。

2. 抽查照明灯具设置及电气线路敷设情况是否符合要求，是否违规使用电暖器、电熨斗、电热毯等大功率电器。

3. 查看是否违规储存、使用易燃易爆物品。

**（四）民居建筑厨房**

1. 检查厨房是否与其他区域采取防火分隔措施。

2. 查看炉具是否定期检测和保养，燃气管道、法兰接头、仪表、阀门是否存在破损、泄漏和老化现象，液化石油气钢瓶是否安全存放或存放量过多。

3. 检查燃气管线、连接软管、灶具是否老化、超出使用年限，是否设置燃气紧急切断装置。

4. 核查排烟罩、油烟道是否定期清洗。

**（五）建筑周边及室外**

1. 文物建筑之间及毗邻建筑是否存在私搭乱建占用防火间距问题，是否违规搭建易燃可燃彩钢板建筑。

2. 文物建筑保护范围内是否堆放柴草、木料等可燃易燃物。

3. 建筑外墙的装饰灯具、电气线路是否出现老化现象。

4. 地处森林、郊野的文物建筑周边是否开辟防火隔离带。

5. 文物保护工程施工现场是否违规进行电焊、气焊、切割等明火作业，是否落实安全防护措施。

**（六）消防设施**

1. 检查消防设施维保记录和检测报告，核对是否违规出具失实、虚假检测报告和维保记录。

2. 检查测试消防设施是否完好有效，消防控制室是否落实两人值班及持证上岗制度。

3. 检查是否设置消防车通道，现有消防车通道上是否设置停车泊位、构筑物、固定隔离桩等障碍物，影响灭火救援。

4. 检查是否设置室外消火栓或消防水池等消防水源，是否配备手抬泵等消防器材，是否在周边水源设置取水设施。

**四、检查应急处置能力**

**（一）微型消防站或专职消防队**

1. 是否依法建立专职或兼职消防队伍的，是否按照规范要求设置微型消防站。

2. 查看专职消防队或志愿消防队（微型消防站）人员、器材装备配备是否符合要求，是否建立通信联络机制，通信工具配备是否齐全。相关管理制度是否完善，是否按要求落实值班值守制度。

3. 询问队员是否熟悉建筑结构、功能布局、场所性质、重点部位、消防设施、疏散通道等情况，能否熟练操作消防器材装备。

4. 是否与辖区消防救援站建立联勤联动机制，是否结合实际制订灭火救援预案，是否定期开展联合演练。

**（二）现场拉动测试**

现场模拟火情并拉动演练，测试专职消防队或微型消防站是否能快速响应，是否建立高效的通信联络机制，是否能快速反应组织扑救初起火灾；核查灭火救援预案是否符合实际，是否具有针对性和可操作性。

# 关于加强历史文化名城名镇名村及文物建筑
# 消防安全工作的指导意见

为深刻吸取云南独克宗古城、贵州报京侗寨火灾事故教训，严防此类事故再次发生，现就加强历史文化名城、名镇、名村及文物建筑消防安全工作提出以下指导意见：

**一、健全消防安全责任体系**

（一）坚持政府主导。公安机关、城乡规划、城乡建设和文物部门积极争取当地党委、政府的重视和支持，将名城、名镇、名村及文物建筑消防安全工作纳入国民经济和社会发展规划；推动有立法权的地方人大、政府制定有关地方性消防法规、规章，加强对名城、名镇、名村及文物建筑的消防安全保护；建立消防经费保障机制，推进消防规划编制实施；推动名城、名镇建立消防安全委员会、消防工作联席会议，建立部门消防工作协调机制，定期研究、解决消防安全突出问题，适时开展专项整治。对区域性重大隐患和屡禁不止、屡查不改的消防违法行为，提请政府牵头综合治理。

（二）城乡规划建设部门加强规划建设管理。城乡规划部门牵头编制消防规划，推动地方政府做好消防站、消防供水、消防车通道等建设工作，不得擅自改变规划确定的消防站、消防通道等用地的使用性质；将消防内容实施情况作为城乡规划检查督查的重要内容，会同公安消防、文物等部门对消防内容实施情况进行检查，确保各项消防设施按规划建设；对名城、名镇、名村内消防审查不符合要求的新建、改建、扩建建设工程，不予核发建设工程规划许可证。对于历史文化街区、名镇、名村核心保护范围内消防设施的设置，按照《历史文化名城名镇名村保护条例》执行。

（三）文物部门加强行业监管。文物部门落实行业监管责任，将消防安全列入文物保护工作的重要内容；督促指导文物建筑管理、使用单位落实消防安全主体责任；按照文物消防安全检查规程，对文物建筑开展消防安全检查，对文物保护工程施工现场加强消防安全监管；对火灾事故加强执法督察；配合当地公安机关消防机构确定本地区文物消防安全重点单位或者文物、博物馆单位的消防安全重点部位。

（四）公安消防部门加强监督检查。公安消防部门依法对名城、名镇、名村内的社会单位和文物建筑加强消防监督管理，组织火灾隐患排查治理，开展消防宣传教育培训，指导单位加强消防安全"四个能力"建设，推动重点单位落实"户籍化"管理要求。对保护范围内的消防安全重点单位每年至少检查一次。

（五）严格考核和责任追究。公安部、住房城乡建设部、国家文物局适时组织开展专项督察，并提请将督察结果纳入国务院对省级政府消防工作考核内容。各地争取2014年底前推动省级政府制订下发指导意见贯彻实施方案，并将名城、名镇、名村和文物建筑消防安全纳入社会管理综合治理、政府目标责任考评，每年组织对有关部门履职情况进行监督检查，对失职渎职或发生重特大火灾事故的，依法依纪追究相关人员的责任。

**二、加强消防基础建设**

（一）科学编制消防规划。城乡规划、文物部门将消防规划纳入历史文化名城、名镇、名村和文物保护规划，作为保护规划审批的必要条件。2017年底以前，城乡规划部门根据城市总体规划的消防要求，将消防内容纳入历史文化街区保护性详细规划，细化名镇、名村保护规划中消防内容；文物部门根据现有消防规划，编制完成文物建筑集中分布区的区域性消防专项规划，并报请当地政府颁布实施。历史文化街区保护性详细规划、文物建筑集中分布区的区域性消防专项规划和名镇、名村的保护规划，应包括易燃易爆危险品场所布局、消防供水、消防站（点）、消防装备、消防车通道、防火分隔、火灾危险源控制、用火用电设施改造、违法违章建筑整治等内容。

（二）加强消防设施建设。推动政府将名城、名镇、名村及文物建筑的消防站、消防供水、消防车通道等消防基础设施建设纳入新型城镇化和新农村建设，并与城乡基础设施建设同步实施。2020年底以前，基本完成消防基础设施建设、改造任务。文物部门组织实施"文物消防安全百项工程"，用3至5年时间，完成100处以全国重点文物保护单位为核心的古城、古村寨和古建筑群的消防安全工程建设。文物和公安消防部门联合开展木结构建筑阻燃防火技术研究和文物建筑专用消防设施设备研发，鼓励应用先进消防技术装备，加快推广电气火灾防控技术。

（三）建立多种形式消防力量。2015年底以前，推动政府按照名城、名镇保护范围内接到出动指令后5分钟内到达的原则，设立公安消防队、政府专职消防队，社区设消防点。100户以上的村寨建立志愿消防队，100户以下的村寨设消防点。文物建筑管理、使用单位明确专人负责消防安全或建立志愿消防队，有条件的建立专职消防队，同时依托当地乡镇、街道和村、居民委员会消防安全网格化管理组织，提高自防自救能力。各类消防队伍结合保护对象特点，配备相应的消防装备器材。

**三、 强化火灾防控措施**

（一）加强源头管理。名城、名镇、名村严格把控旅游开发强度与火灾防控能力的匹配程度，对核心保护范围采取更加严格的人防、物防、技防措施，鼓励单位、居（村）民投保房屋财产火灾保险和火灾公众责任保险。严格市场准入，对名城、名镇、名村保护范围内新建、改建、扩建建设工程，不符合消防安全要求的，城乡规划、公安消防部门不得审批同意；涉及文物保护事项的基本建设项目，文物部门在项目批准前要提出消防安全保护性意见；对消防安全保护措施不到位的国有文物建筑，文物部门不得同意对公众开放或开展经营性活动；对达不到消防安全条件的单位、场所，相关部门不得核发许可证照。

（二）强化隐患整治。由于规划中消防内容不落实，导致消防水源、消防站、消防车通道等公共消防设施欠账的，提请地方政府组织有关部门建设改造。文物建筑消防安全保护措施不到位的，文物部门应督促管理、使用单位落实整改责任、措施、资金，积极实施技术改造，并列支专门经费予以支持。公安机关消防机构对发现的火灾隐患，应严格依法查处，积极指导社会单位整改。公安消防、城乡规划、文物等部门建立工作协作机制，定期组织开展分析评估，对消防安全突出问题进行集中治理；对擅自改变使用性质、非法生产经营的，提请政府组织相关部门依法予以拆除或取缔；对于区域性火灾隐患突出、消防设施严重缺乏的，提请政府挂牌督办。

（三）落实主体责任。名城、名镇、名村内的社会单位及文物建筑管理、使用单位应明确消防安全管理人，建立健全并落实消防安全管理制度，组织落实防火检查、设施维护、宣传培训、消防演练、隐患整改等工作。名城、名镇、名村及文物建筑出租房屋用于生产经营的，必须明确并落实租赁双方的消防安全责任。名村和列为文物保护单位的村寨应制定村民防火公约，推行"多户联防"制度，由村民家庭组成联防组，配备必要的灭火器材，轮流值班巡查，互相提醒消防安全，协助扑救初起火灾。木结构建筑连片密集区要因地制宜采取设置防火隔离带、开辟防火间距等措施，防止"火烧连营"。

（四）加强宣传培训。名城、名镇、名村结合历史和地域文化特点，将消防知识融入当地民俗文化，因地制宜设置消防宣传栏、橱窗，利用各种载体开展提示性消防常识宣传。文物建筑、火灾风险较大的建筑张贴防火警示标识、标牌，旅游景区向游客宣传防火安全须知。火灾多发季节、重大节假日和民俗活动期间，开展有针对性的消防宣传活动。定期对乡镇、街道、社区、村寨和单位的消防安全责任人、管理人、从业人员进行消防安全教育培训。街道、乡镇依托社区服务中心、农村文化室，定期组织居（村）民参加消防教育和灭火逃生体验，普及安全用火、用电、用气和火灾报警、初起火灾扑救、逃生自救常识。

（五）提高火灾扑救能力。名城、名镇、名村及文物建筑管理、使用单位应结合保护特点，制订火灾事故应急预案，强化单位预案与地方政府有关部门应急预案的有效衔接，并定期组织演练。根据当地气象条件，尤其是大风天气和重要防火季节，加强值班巡逻，强化火灾预警响应。公安消防队、政府专职消防队应定期开展"六熟悉"，掌握建筑结构、火灾特点、道路状况、水源分布等情况，并加强与志愿消防队、单位专职消防队的联勤联训，每年开展不少于2次的联合实战演练，提高协同作战能力。对名城、名镇、名村保护范围内的市政消火栓和文物建筑配置的室外消火栓每季度至少进行1次出水测试，寒冷地区消防给水管网应采取防冻措施。

# 第二部分
# 博物馆消防安全检查

# 第一章　博物馆主要火灾风险

博物馆是指以教育、研究和欣赏为目的，收藏、保护并向公众展示人类活动和自然环境的见证物，经登记管理机关依法登记的非营利组织。设在文物建筑内的博物馆，还应符合国家文物建筑消防安全的有关规定。博物馆主要火灾风险如下：

## 第一节　起火风险

### 一、明火源风险

1.博物馆内违规吸烟，违规使用明火，违规储存、使用易燃易爆危险品。

2. 藏品技术区与研究用房中修复、实验、展品展具制作与维修等环节设置的明火设施管理不到位。

3. 违规采用炭火取暖，采用燃气锅炉取暖未落实消防安全措施。

4. 违规进行电焊、气焊、切割等明火作业。

5. 厨房使用明火不慎、油锅过热起火；违规使用瓶装液化石油气及甲、乙类液体燃料。

6. 用餐区域、开放式食品加工区违规使用明火。

### 二、电气火灾风险

1. 选用不符合国家标准、行业标准的电器产品以及电气线路；违规使用大功率用电设备以及白炽灯、卤钨灯、高压汞灯等高温照明灯具。

2. 电气线路未正确选择导线类型、未穿管保护，敷设不符合规范要求，存在老化、绝缘层破损以及过热、锈蚀、烧损、电腐蚀等问题，配电线路未设置与电气设备匹配的短路、过载保护装置。

3. 电气线路、配电箱、电源插座、电器开关、照明灯具直接敷设、安装在可燃材料上，或靠近可燃物时未采取防火隔热措施。

4. 弱电井、强电井及吊顶内存在强、弱电线路交织敷设、共用配电箱等问题，电井内及配电装置周围存在可燃物。

5. 临时布置的活动场所现场使用大功率用电设备，电气线路敷设、连接不规范。

6. 馆内违规采用电暖气、电热毯取暖。

7. 除必须持续通电的设备外，其他用电设备在闭馆后未采取断电措施。馆内制冷、除湿、加湿装置长时间通电，未落实消防安全措施。

8. 电动自行车、电瓶车、电动平衡车等使用蓄电池的交通工具违规在博物馆内停放、充电，工作人员将蓄电池带至馆内充电。电动汽车停放、充电未与博物馆保持安全距离。

**三、可燃物风险**

1. 展品、藏品、商品在布展、撤展、存放、搬运时使用的箱、柜、架、盒及包装、填充所使用的纸张、棉花、木丝等可燃物未及时清理。

2. 展馆内设置易燃可燃材料装饰，如易燃可燃物挂件、模型道具、装饰造型等。

3. 建筑施工、修缮过程中使用油漆稀释剂等各种易燃危险品，未落实消防安全管理措施。

4. 设置住宿、厨房等用房，增加火灾风险。

5. 干枯杂草、树枝和灌木等大量易燃可燃物未及时清理。

## 第二节　火灾蔓延扩大风险

**一、现代建筑的博物馆**

1. 擅自改变防火防烟分区，防火门、防火窗、防火卷帘、挡烟垂壁等未保持完好有效。

2. 柴油发电机房、空调机房、变配电室、锅炉房等重要设备用房防火分隔被破坏，管道井、电缆井、玻璃幕墙防火封堵不到位。

3. 通风空调系统、防排烟系统管道上防火阀、排烟防火阀、排烟阀（口）未保持完好有效。

4. 消防设施未按标准配置或未保持完好有效，消防车通道未保持畅通，防火间距被占用。

**二、文物建筑内的博物馆**

1. 宗教活动场所悬挂的绸缎、经幡、伞盖、帐幔等未经防火阻燃处理。

2. 毗邻文物建筑设置办公场所、宿舍、食堂，违规搭建临时建筑、设置商业摊点等。

3. 未按照规范要求设置消防车通道，现有消防车通道上设置停车泊位、构筑物、固定隔离桩等障碍物，影响灭火救援。

4. 未按照规范要求设置室外消火栓或未设置消防水池等消防水源，未配备手抬泵等消防器材，未在周边水源设置取水设施，不能保证消防供水需要。

## 第三节　重点部位火灾风险

**一、陈列展览厅**

1. 采用易燃可燃装修装饰材料，破坏防火防烟分隔设施。

2. 安防监控系统的电气线路敷设不规范。

3. 用于宣传、展示的多媒体显示屏、电子沙盘模型等电器设备未采取有效的防火措施。

4. 展柜内设置非低发热光源灯具,灯具线路未按照规范要求采取穿管保护措施,线路接头未使用接线盒等连接方式。展柜底部安装的用电设备电气线路敷设不符合规范要求。

5. 新型高科技智能化展品安全性能不稳定,易产生故障引发火灾。

6. 配电箱、照明灯具、用电设备的安装和使用不符合规范要求,电气线路敷设不符合规范要求。

7. 展厅内游客参观时,局部区域滞留拥堵,影响人员安全疏散。

## 二、影视厅及互动体验室

1. 采用易燃可燃装修装饰材料,吊顶、墙面、地面、隔断、疏散门、座椅、幕布、装饰织物等燃烧性能不符合规范要求。

2. 电气设备持续使用以及大型体验设备瞬时用电量大易造成过负荷等问题。

3. 科普教育实验室违规存放易燃可燃化学试剂,违规进行实验操作。

## 三、藏品库

1. 藏品库内违规搭建阁楼、分隔小间,采用易燃彩钢板搭建仓库或其他临时用房。

2. 库房与其他部位未进行有效的防火分隔,未按照规范要求设置疏散门。

3. 藏品库房未按要求设置相适应的自动灭火系统。

4. 未按照藏品的火灾危险性进行分间存放,无法有效实施灭火。库房未在醒目处标明藏品性质和灭火方法。

5. 藏品库内灯具未安装防护罩;违规设置移动式照明灯具,照明灯具垂直下方堆放可燃藏品,且未与可燃藏品保持安全距离;违规使用电炉、电加热器等器具。

#### 四、装裱及修复室

1. 装裱室、修复室与其他场所未进行有效的防火分隔。

2. 违规使用明火灶具熬制装裱糨糊等，熬浆、烘烤等设备与周围可燃物未保持安全距离。

3. 用于文物修复的易燃可燃化学药品试剂未分类分区存放或超量存放，储存间和使用区域未安装通风设施。

4. 熏蒸、清洗、干燥、修复、打磨等产生可燃气体或粉尘的区域未设置可燃气体及粉尘检测报警设施和泄压设施。

#### 五、档案资料室

1. 档案资料室违规设置人员住宿、办公场所，与建筑内的其他功能区未进行有效防火分隔。

2. 未按照标准配备消防设施器材。

3. 未落实专人值班制度。

#### 六、厨房

1. 厨房操作间与其他部位未采取防火分隔措施。

2. 炉具未定期检测和保养，燃气管道、法兰接头、连接软管、仪表、阀门存在破损、泄漏和老化现象。

3. 排油烟罩、油烟道未定期清洗，厨房未按要求设置可燃气体探测报警装置、燃气紧急切断装置和自动灭火系统。使用瓶装液化石油气的，钢瓶未安全存放或钢瓶存放量过多。

# 第二章 博物馆消防安全检查要点

## 第一节 消防安全管理

**一、消防档案**

**（一）消防档案要求**

消防档案应包括消防安全基本情况和消防安全管理情况，档案内容翔实，能全面反映单位消防工作基本情况，并附有必要的图表，根据实际情况及时更新。

**（二）消防安全基本情况档案**

1. 建筑的基本概况和消防安全重点部位情况。

2. 所在建筑消防设计审查、消防验收或消防设计、消防验收备案相关资料。

3. 消防组织和各级消防安全责任人。

4. 微型消防站设置及人员、消防装备配备情况。

5. 相关租赁合同。

6. 消防安全管理制度和保证消防安全的操作规程，灭火和应急疏散预案。

7. 消防设施、灭火器材配置情况。

8. 专职消防队、志愿消防队人员及其消防装备配备情况。

9. 消防安全管理人、自动消防设施操作人员、电气焊工、电工、易燃易爆危险品操作人员的基本情况。

10. 新增消防产品质量合格证，新增建筑材料和室内装修、装饰材料的防火性能证明文件。

**（三）消防安全管理情况档案**

1. 消防安全例会记录或会议纪要、决定。

2. 消防救援机构填发的各种法律文书。

3. 消防设施定期检查记录、自动消防设施全面检查测试的报告（要求每年进行一次检测）、单位与具有相关资质的消防技术服务机构签订的委托检测和维修保养合同以及维修保养的记录（记录要有消防技术服务机构公章和人员签字）。

4. 火灾隐患、重大火灾隐患及其整改情况记录。

5. 消防控制室值班记录。

6. 防火检查、巡查记录。

7. 有关燃气、电气设备检测，动火审批，厨房烟道清洗等工作的记录资料。

8. 消防安全培训记录。

9. 灭火和应急疏散预案的演练记录。

10. 各级和各部门消防安全责任人的消防安全承诺书。

11. 火灾情况记录。

12. 消防奖励情况记录。

**二、消防安全责任制落实**

实地抽查提问消防安全责任人、管理人，检查是否熟知以下工作职责：

**（一）消防安全责任人工作职责**

1. 贯彻执行消防法律法规，保障单位消防安全符合国家消防技术标准，掌握本单位的消防安全情况，全面负责本场所的消防安全工作。

2. 统筹安排本场所的消防安全管理工作，批准实施年度消防工作计划。

3. 为本单位的消防安全管理工作提供必要的经费和组织保障。

4. 确定逐级消防安全责任，批准实施消防安全管理制度和保障消防安全的操作规程。

5. 组织召开消防安全例会，组织开展防火检查，督促整改火灾隐患，及时处理涉及消防安全的重大问题。

6. 根据有关消防法律法规的规定建立专职消防队、志愿消防队（微型消防站），并配备相应的消防器材和装备。

7. 针对本场所的实际情况，组织制订符合本单位实际的灭火和应急疏散预案，并实施演练。

**（二）消防安全管理人工作职责**

1. 拟订年度消防安全工作计划，组织实施日常消防安全管理工作。

2. 组织制定消防安全管理制度和保障消防安全的操作规程，并检查督促落实。

3. 拟订消防安全工作的经费预算和组织保障方案。

4. 组织实施防火检查和火灾隐患整改。

5. 组织实施对本单位消防设施、灭火器材和消防安全标志的维护保养，确保其完好有效和处于正常运行状态，确保疏散通道、走道和安全出口、消防车通道畅通。

6. 组织管理专职消防队或志愿消防队（微型消防站），开展日常业务训练，组织初起火灾扑救和人员疏散。

7. 组织从业人员开展岗前和日常消防知识、技能的教育和培训，组织灭火和应急疏散预案的实施和演练。

8. 定期向消防安全责任人报告消防安全情况，及时报告涉及消防安全的重大问题。

9. 管理单位委托的物业服务企业和消防技术服务机构。

10. 单位消防安全责任人委托的其他消防安全管理工作。

未确定消防安全管理人的单位，上述规定的消防安全管理工作由单位消防安全责任人负责实施。

**三、消防安全管理制度**

**（一）消防安全制度内容**

1. 消防安全教育、培训。

2. 防火巡查、检查；安全疏散设施管理。

3. 消防控制室值班。

4. 消防设施、器材维护管理。

5. 用火、用电安全管理。

6. 微型消防站的组织管理。

7. 灭火和应急疏散预案演练。

8. 燃气和电气设备的检查和管理。

9. 火灾隐患整改。

10. 消防安全工作考评和奖惩。

11. 其他必要的消防安全内容。

**（二）多产权、多使用单位管理**

1. 应明确多产权、多使用单位或者承包、租赁、委托经营单位消防安全责任。

2. 消防车通道、涉及公共消防安全的疏散设施和其他建筑消防设施应当由产权单位或者委托管理的单位统一管理。

3. 在与商户或业主签订相关租赁或者承包合同时，应在合同内明确各方的消防安全职责。各业主应当在各自职责范围内履行职责。

4. 实行统一管理时，应制定统一的管理标准、管理办法，明确隐患问题整改责任、整改资金、整改措施。

**（三）防火巡查、检查**

1. 翻阅《防火巡查记录》《防火检查记录》，查看是否至少每日进行一次防火巡查，并结合实际组织开展夜间防火巡查，每个月进行一次防火检查，是否如实登记火灾隐患情况。

2.《防火巡查记录》《防火检查记录》中，巡查、检查人员和管理人是否分别在记录上签名，并通过核对笔迹的方式确定签字的真实性。

3. 对照单位的《防火巡查记录》《防火检查记录》中记录的隐患，实地查看整改及防范措施的落实情况。

### （四）消防安全培训教育

1. 应对全体员工至少每半年进行一次消防安全培训，对新上岗和进入新岗位的员工应进行岗前消防安全培训。

2. 培训内容应以教会员工电气等火灾风险及防范常识，灭火器和消火栓的使用方法，防毒防烟面具的佩戴，人员疏散逃生知识等为主。

3. 查看员工消防安全培训记录、培训照片等资料是否真实，是否记明培训的时间、参加人员、内容，参训人员是否签字，随机抽查单位员工消防安全"四个能力"（即检查消除火灾隐患能力、组织扑救初起火灾能力、组织人员疏散逃生能力、消防宣传教育培训能力）掌握情况。

| 消防安全教育培训记录表 | | | |
|---|---|---|---|
| 培训时间 | | 培训地点 | |
| 参加人数 | | 授课人 | |
| 参加培训人员： | | | |
| 培训内容： <br> **消防安全知识"三懂"** <br> 一、懂本单位火灾危险性 <br>    1. 防止触电；2. 防止引起火灾；3. 可燃、易燃品、火源。 <br> 二、懂预防火灾的措施 <br>    1. 加强对可燃物质的管理；2. 管理和控制好各种火源；3. 加强电气设备及其线路的管理；4. 易燃易爆场所应有足够的适用的消防设施，并要经常检查做到会用、有效。 <br> 三、懂灭火方法 <br>    1. 冷却灭火方法；2. 隔离灭火方法；3. 窒息灭火方法；4. 抑制灭火方法。 <br> **消防安全知识"四会"** <br> 一、会报警 <br>    1. 大声呼喊报警，使用手动报警设备报警；2. 如使用专用电话、手动报警按钮、消火栓按键击碎等；3. 拨打119火警电话，向当地消防救援机构报警。 | | | |

二、会使用消防器材

拔掉保险销，握住喷管喷头，压下提把，对准火焰根部即可。

三、会扑救初期火灾

在扑救初期火灾时，必须遵循：先控制后消灭，救人第一，先重点后一般的原则。

四、会组织人员疏散逃生

1. 按疏散预案组织人员疏散；2. 酌情通报情况，防止混乱；3. 分组实施引导。

**消防安全"四个能力"基本内容**

1. 检查消除火灾隐患能力：查用火用电，禁违章操作，查通道出口，禁堵塞封闭，查设施器材，禁损坏挪用，查重点部位，禁失控漏管；2. 扑救初级火灾能力：发现火灾后，起火部位员工1分钟内形成第一灭火力量，火灾确认后，单位3分钟内形成第二灭火力量；3. 组织疏散逃生能力：熟悉疏散通道，熟悉安全出口，掌握疏散程序，掌握逃生技能；4. 消防宣传教育能力：消防宣传人员，有消防宣传标志，有全员培训机制，掌握消防安全常识。

**微型消防站"三知四会一联通"**

1. "三知"：微型消防站队员要知道单位内部消防设施位置、知道疏散通道和出口、知道建筑布局和功能；2. "四会"：会组织疏散人员、会扑救初起火灾、会穿戴防护装备、会操作消防器材；3. "一联通"：消防救援支队或大中队与微型消防站、微型消防站与队员保持通信联络畅通。

培训照片：

## （五）灭火和应急疏散预案及演练

1. 应至少每半年组织一次全员参与的灭火和应急疏散预案演练。

2. 翻阅灭火和应急疏散预案，查看是否有针对性地制订灭火和应急疏散预案，是否根据建筑改造、人员调整等情况，及时进行修订。灭火和应急疏散预案应当至少包括下列内容：

（1）建筑的基本情况、重点部位及火灾风险分析。

（2）明确火灾现场通信联络、灭火、疏散、救护、对接消防救援力量等任务的负责人、组成人员及各自职责。

（3）火警处置程序。

（4）应急疏散的组织程序和措施。

（5）扑救初起火灾的程序和措施。

（6）通信联络、安全防护和人员救护的组织与调度程序和保障措施。

3. 翻阅演练记录、照片等材料，查看演练的时间、地点、内容、参加人员是否属实，演练是否以人员集中、火灾危险性较大和重点部位为模拟起火点、是否全员参与、是否按照预案内容进行模拟演练，并随机询问员工是否熟知本岗位职责、应急处置程序等情况。

**（六）消防宣传提示**

1. 应在安全出口处张贴"三自主两公开一承诺"（自主评估风险、自主检查安全、自主整改隐患，向社会公开消防安全责任人、管理人，并承诺本场所不存在突出风险或者已落实防范措施）公示牌。

2. 要营造单位内部宣传氛围，定期利用内部LED电子显示屏、大屏幕和楼内广播等滚动播放消防安全常识。

3. 各楼层在显著位置张贴宣传挂图以及安全疏散逃生示意图，疏散指示图上应标明疏散路线、安全出口和疏散门、人员所在位置和必要文字说明。

4. 制冷设备房、配电室、厨房和库房等重点部位张贴火灾风险提示。

## 第二节　微型消防站建设

设有消防控制室的博物馆应建立微型消防站，并按以下要求设置：

### 一、人员设置

1. 人员数量设置原则上不少于6人。

2. 应结合实际设站长、队员等岗位。

3. 站长由单位消防安全管理人担任，队员由其他员工担任。

### 二、日常工作职责

1. 应定期组织开展业务训练，每个月至少开展一次全员拉动测试。

2. 人员应保持随时在岗在位，确保接到火警信息后能各负其责，"3分钟到场"进行处置。

3. 要具备"三知四会"能力，即知道消防设施和器材位置、知道疏散通道和出口、知道建筑布局和功能；会组织疏散人员、会扑救初起火灾、会穿戴防护装备和会操作消防器材。

4. 站长职责

（1）负责微型消防站日常管理。

（2）组织制定及落实各项管理制度和灭火应急预案。

（3）组织防火巡查。

（4）组织消防宣传教育和应急处置训练。

（5）指挥初起火灾扑救和人员疏散。

（6）对发现的火灾隐患和违法行为进行及时整改。

5. 队员职责

（1）应熟练掌握消防设施、器材的性能和操作使用方法。

（2）熟悉设施器材的设置位置和灭火应急预案内容，发生火灾时主要负责扑救初起火灾、组织人员疏散工作。

（3）日常负责防火安全巡查检查工作。

6. 重要保卫时段工作职责

在重大活动、重要节假日和重要时间节点，加强力量重点防护，并做好如下工作：

（1）对单位内部疏散通道、厨房、库房等重点区域开展一次消防安全自查。

（2）对电气线路敷设、电器产品的使用开展一次检查。

（3）对自动消防设施进行一次联动测试。

（4）开展一次全员培训和应急疏散演练。

（5）将活动详情和应急处置预案报告给当地消防救援部门。

**三、器材配备**

1. 微型消防站应设置人员值守、器材存放等用房，可与消防控制室合用；有条件的，可单独设置。可根据需要在建筑之间分区域设置消防器材存放点。

2. 应根据扑救初起火灾需要，配备一定数量的灭火器、水枪、水带等灭火器材；配置外线电话、手持对讲机等通信器材；有条件的站点可选配消防头盔、灭火防护服、防护靴、破拆工具等器材。

**四、火场处置流程**

1. 发现火灾后，应向消防控制室报告火灾情况，并利用就近的消火栓、灭火器、消防水桶等器材扑救火灾。

2. 消防控制中心确认火警信息后，应立即启动消防应急广播等消防设施，同时报火警119，通知相关人员迅速开展应急处置工作。

3. 负责灭火工作的人员应快速前往起火点，进行灭火。

4. 负责疏散工作的人员应佩戴防毒防烟面罩，指挥、引导各楼层顾客向安全出口撤离。

5. 负责对接消防救援力量的人员应在室外将到场的消防车引向距起火点最近的安全出口处。

# 第三节　消防安全重点部位

## 一、展览厅

1. 展厅内不能因布展调整而擅自改变原有防火分区、防烟分区及安全出口位置；不能堵塞疏散通道及安全出口。

2. 展台、展柜、展具等应采用不燃、难燃材料制作。

3. 临时布展的场所，不应采用易燃可燃材料装修，不应破坏防火防烟分隔设施。

4. 展柜内陈列照明灯具线路应穿管保护，线路接头应采用接线盒等连接方式。展柜底部安装的用电设备电气线路敷设应符合标准要求。不应违规使用白炽灯、高压汞灯等高温照明灯具。

5. 展厅应设置疏散指示标志并清晰可见。

## 二、影视厅及互动体验室

1. 各种电气设备应定期维护，按照使用说明书要求进行操作使用，线路敷设应符合规范要求。

2. 厅内座椅、窗帘、地毯、吸声材料等的燃烧性能应符合《建筑内部装修设计防火规范》的要求。

3. 厅室疏散门或安全出口应分散布置，并在醒目位置设置疏散示意图，不应设置影响疏散的障碍物。

## 三、藏品库

1. 藏品库区的平面布置、装修材料、安全疏散等防火设计应满足《博物馆建筑设计规范》的要求。

2. 应采用耐火极限不低于2.0h的隔墙和乙级防火门、窗与其他区域完全分隔。

3. 库房内敷设的电气线路应穿金属管保护，照明灯具下面半米内不应有可燃物。

4. 库房内不应违规搭建阁楼、分隔小间，及采用易燃彩钢板搭建库房或其他临时用房。

5. 库房内不应违规使用电炉、电加热器、移动式照明灯具等电器设备。库房内严禁使用明火。

6. 库房严禁储存易燃易爆危险品。

7. 藏品库内的安全出口、疏散门应保证火灾时能从内部易于打开。

### 四、厨房

1. 厨房应采用耐火极限不低于2.0h的防火隔墙和乙级防火门、窗与其他部位分隔。

2. 厨房的顶棚、墙面、地面应采用不燃材料装修。

3. 不得违规使用醇基燃料；设置在地下室、半地下室内的厨房严禁使用液化石油气；不得违规使用液化气罐。

4. 应配备灭火毯、灭火器，采用可燃气体做燃料的厨房，应设置可燃气体浓度报警装置。

5. 烟罩应定期清洗，油烟管道应每季度至少清洗一次并有清洗前后对比照片的记录。

### 五、配电室

1. 配电室应设置甲级防火门并设置警示标志。

2. 配电室内应配备二氧化碳灭火器和应急照明。

3. 配电室内不得堆放易燃可燃杂物。

### 六、柴油发电机房

1. 应采用耐火极限不低于2.0h的防火隔墙和1.5h的不燃性楼板与其他部位分隔，门应采用甲级防火门。

2. 机房内设置储油间时，其总储存量不应大于$1m^3$，储油间应采用耐火极限不低于3.0h的防火隔墙与发电机间分隔；确需在防火隔墙上开门时，应设置甲级防火门。

3. 应设置应急照明和消防电话。

4. 手动启动柴油发电机，查看是否能正常启动。

### 七、高位消防水箱间

1. 查看消防水箱水位高度，判断实有储水量是否满足要求。

2. 消防水箱的补水管阀门应处于开启状态，当和生活用水合用时，生活用水的出水管应设在水箱顶部。

3. 水箱间应设置应急照明和消防电话。

### 八、锅炉房

1. 疏散门应直通室外或安全出口。

2. 燃气、燃油锅炉房与其他部位之间应采用耐火极限不低于2.0h的防火隔墙和1.5h的不燃性楼板分隔，在隔墙和楼板上不应开设洞口，确需在隔墙上设置门、窗时，应采用甲级防火门、窗。

3. 锅炉房内设置储油间时，其总储存量不应大于$1m^3$，且储油间应采用耐火极限不小于3.0h的防火隔墙与锅炉间分隔；确需在防火隔墙上设置门时，应采用甲级防火门。

4. 应设置火灾报警装置。

### 九、电气管理

1. 电气线路敷设、设备安装和维修应当由具备相应职业资格的人员按国家现行标准要求和操作规程进行。

2. 不应长时间超负荷运行，不应带故障使用电气设备，严禁使用电暖气等大功率电器设备。

3. 不应私拉乱接电线，电气线路不应敷设在可燃物上，插座（插排）周围0.5m范围内不能有可燃物，顶棚内敷设的电气线路应穿金属管。

4. 对电气线路、设备的运行及维护情况应定期检查、检测。

5. 不应在室内停放电动车或为电动车充电。

### 十、用火管理

1. 场所内设有禁止违规吸烟、燃灯、烧纸、焚香等使用明火标识。

2. 除工艺特殊要求和厨房外，禁止违规设置明火设施，违规采用炭火取暖，禁止使用、储存火灾危险性为甲、乙类的物品。

3. 禁止违规使用瓶装液化石油气、小型液化气炉、油气炉及其他甲、乙类液体燃料。

4. 电焊等明火作业前，实施动火的部门和人员应按照制度办理动火审批手续，清除可燃、易燃物品，配置灭火器材，落实现场监护人员和安全措施，在确认无火灾、爆炸危险后方可动火作业。

**十一、装修材料**

1. 建筑内部装修应采用不燃和难燃性材料，展台、展柜、展具应采用不燃、难燃材料制作。

2. 藏品库不应违规采用易燃彩钢板搭建库房。

# 第四节　疏散救援设施

**一、消防车通道**

1. 消防车通道应保持畅通，不应被占用、堵塞、封闭。

2. 不应设置妨碍消防车通行的停车泊位、路桩、隔离墩、地锁等障碍物，并须设有严禁占用等标志，在地面设有标识线。

3. 消防车道靠建筑外墙一侧的边缘距离建筑外墙不宜小于5m。

4. 消防车道与建筑之间不应设置妨碍消防车操作的树木、架空管线等障碍物。

5. 消防车道的净宽度和净空高度均不应小于4m；消防车道的坡度不应大于10%；兼做消防救援场地的消防车道，坡度尚应满足消防车停靠和消防救援作业的要求。

**二、安全出口及疏散楼梯**

1. 安全出口数量不应少于2个，疏散门应向外开启，不能采用卷帘门、转门和侧拉门，不能上锁和封堵，应保持畅通。

2. 疏散楼梯的净宽度不应小于1.1m，其中高层公共建筑的疏散楼梯净宽度不应小于1.2m。

3. 楼梯间内不能堆放杂物，严禁设置地毯、窗帘、KT板广告牌等可燃材料。

4. 通向室外疏散楼梯的门应采用乙级防火门，应向外开启，不应正对楼梯段。

5. 室外疏散楼梯的梯段和缓台均应采用不燃材料制作，保持畅通。

6. 室外疏散通道的净宽度不应小于3m，并应直接通向宽敞地带。

7. 展厅等场所内的主要疏散通道应直通安全出口，其宽度不应小于5m，其他疏散通道的宽度不应小于3m。疏散通道的地面应设置明显标识。

# 第五节　消防设施器材

**一、疏散指示标志**

1. 疏散指示标志不应被遮挡。

2. 应选择采用节能光源的灯具，标志灯应选择持续型灯具。其中安全出口标志灯应安装在安全出口或疏散门内侧上方居中的位置。疏散指示标志应设置在疏散走道及其转角处距地面高度1m以下的墙面或地面上，当安装在疏散走道、通道上方时，室内高度不大于3.5m的场所，标志灯底边距地面的高度宜为2.2m~2.5m；室内高度大于3.5m的场所，特大型、大型、中型标志灯底边距地面高度不宜小于3m，且不宜大于6m。

3.灯光疏散指示标志的标志面与疏散方向垂直时，灯具的设置间距不应大于20m；标志灯的标志面与疏散方向平行时，灯具的设置间距不应大于10m。

4.场馆内的灯光疏散指示标志的规格不应小于0.85m×0.30m。

二、应急照明灯

1.安全出口正上方、疏散走道内，建筑面积大于200㎡的人员密集场所顶棚墙面上设应急照明灯。

2.平时主电状态是绿灯、故障状态是黄灯、充电状态是红灯，现场按下测试按钮，应保持常亮状态。

3.连续供电时间不应少于0.5h。

三、灭火器

1.一般都是配备ABC干粉灭火器，压力表指针在绿区；机房、配电室等电气设备用房应配备二氧化碳灭火器。

2.灭火器应有红色消防产品身份标识，县级以上博物馆配备的干粉灭火器应为5kg及以上的产品；县级以下博物馆配备的干粉灭火器应为3kg及以上的产品。

3.灭火器应放在明显和便于取用的地点，灭火器箱不应被遮挡、上锁，开启应灵活。

4.灭火器的零部件齐全、无松动、脱落或损伤，铅封等保险装置无损坏或遗失。

5.喷射软管应完好，无明显裂纹，喷嘴无堵塞。

6.灭火器的筒体无明显缺陷、无锈蚀（特别查看筒底）。

7.干粉灭火器、二氧化碳灭火器出厂期满5年后进行首次维修，之后每2年维修一次；二氧化碳灭火器的报废期限为12年，干粉灭火器的报废期限为10年。

8.手提式灭火器宜设置在灭火器箱内或挂钩、托架上，其顶部离地面高度不应大于1.5m；底部离地面高度不宜小于0.08m。灭火器箱不得上锁。

四、防火门

1.常闭式防火门应有红色的消防产品合格标志，且处于关闭状态，门扇启闭应灵活，无关闭不严的现象；门框、门扇、门槛、把手、锁、防火密封条、闭门器、顺序器等组件应保持齐全、好用。

2. 常闭式防火门应有"保持常闭"字样的标识。

3. 门框上的缝隙、孔洞应采用水泥砂浆等不燃烧材料填充。

4. 释放单扇防火门，门扇应能自动关闭；释放双、多扇防火门，观察门扇是否能实现顺序关闭，并保持严密。

5. 检查常开式防火门时，按下常开防火门释放器的手动按钮，防火门应自行关闭且严密，闭门信号应传送至消防控制室。

### 五、室内消火栓系统

1. 消火栓不应被埋压、圈占、遮挡。

2. 消火栓箱门应张贴操作说明，能正常开启且开启角度不小于120°。

3. 水带、水枪、接口应齐全，水带不应破损，水带与接口应牢靠，消火栓栓口方向应向下或与墙面成90°角，检查时，应在顶层进行出水测试，水压符合要求。

4. 设有消火栓报警按钮的，接线应完好，有巡检指示功能的其巡检指示灯应闪亮。

5. 按下消火栓按钮，指示灯应常亮，火灾报警控制柜应收到反馈信号。

6. 消防软管卷盘的胶管不应粘连、开裂，与喷枪、阀门等连接应牢固；阀门操作手柄应完好；打开供水阀，各连接处无渗漏；开启喷枪，检查其喷水情况应正常。

### 六、室外消火栓系统

1. 室外消火栓不应被埋压、圈占、遮挡。

2. 地下消火栓应有明显标识，井盖能顺利开启，井内不能存有积水以及妨碍操作的杂物等。

3. 使用消火栓扳手检查消火栓闷盖，阀杆操作应灵活。

4. 连接消防水带测试室外消火栓，供水压力应符合规定，栓口无漏水现象。

5. 冬季应做好防寒措施。

### 七、火灾自动报警系统

#### （一）火灾探测器

1. 火灾探测器0.5m范围内不应有障碍物。

2. 火灾探测器（常见感温探测器）平时巡检灯应闪亮，现场对顶棚的感烟探测器进行吹烟测试，感烟探测器应处于常亮状态，报警控制器应能够显示火灾报警信号，能打印火灾信息，系统显示时间应和实际时间一致。

3. 不得出现被摘除、损坏或是未摘掉防尘罩等违法行为。

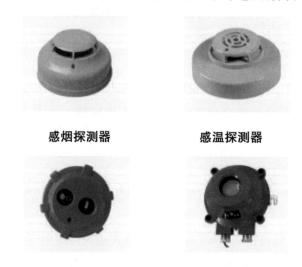

感烟探测器　　　　　　　感温探测器

火焰探测器　　　防爆红外光束线型感烟探测

#### （二）手动火灾报警按钮

1. 查看具有巡检指示功能的手动报警按钮的指示灯应正常闪亮，表面无破损，周围不应存在影响辨识和操作的障碍物。

2. 按下手动报警按钮进行报警试验，报警确认灯应常亮，核实火灾报警控制器应接收到其发出的火警信号。

### 八、自动喷水灭火系统

1. 检查末端试水装置组件（试水阀门、试水接头、压力表）是否完整，压力不应低于0.05MPa。

2. 末端试水装置应有醒目标志，地面应设置排水设施。

3. 打开末端试水放水阀进行放水试验，5分钟内消防水泵应自动启动，同时火灾报警控制器上应有水流指示器、压力开关报警信号及消防水泵的动作反馈信号。

## 九、消防水泵

1. 消防水泵房应设置应急照明和消防电话，采用耐火极限不低于2.0h的防火隔墙和1.5h的楼板与其他部位分隔；疏散门应直通室外或安全出口，开向疏散走道的门应采用甲级防火门。

2. 消防水泵应注明系统名称，应有主、备泵标识，消防给水设施的管道阀门应有开/关的状态标识。

3. 消防水泵控制柜转换开关应处于"自动"运行模式；将消防水泵控制的转换开关置于"手动"模式，分别按下主、备泵的"启动"按钮，待"启动"指示灯亮起再按下相应的"停止"按钮，水泵应能正常启动和停止。

4. 在消防控制室消防联动控制器上进行手动启、停消防泵的操作，泵组启、停应正常，控制器应有消防泵启动、动作反馈和停止的信号显示。

## 十、稳压设施

1. 气压罐及其组件外观，不应存在锈蚀、缺损情况，标志应清晰、完整。

2. 电气控制箱应处于通电状态，将电气控制箱旋钮调至"手动"模式，分别按下主、备泵的"启动"按钮，待"启动"指示灯亮起再按下相应的"停止"按钮，稳压泵应能正常启动和停止。

3. 稳压系统的电接点压力表应有启停泵数值参数标识。

## 十一、消防水泵接合器

1. 水泵接合器设置应不被埋压、圈占、遮挡，应设置永久性标牌标明所属系统和区域，相关组件应完好有效。

2. 地下式水泵接合器井内无积水，应有防冻措施。

## 十二、防排烟设施

防烟系统分为自然通风系统和机械加压送风系统；排烟系统分为自然排烟系统和机械排烟系统。

## （一）自然排烟设施

自然排烟主要利用可开启的外窗进行排烟，外窗不应设置栅栏和影响逃生、灭火救援的广告牌等障碍物；确需设栅栏的，应能从内部易于开启。

## （二）机械排烟系统

1. 排烟风机的标牌应牢固，应有注明系统名称和编号的醒目标识；风机与风管连接处应严密，连接材料不应老化和破损且周围不应存放可燃物。

2. 排烟风机房内不应堆放杂物，应设置应急照明和消防电话。

3. 控制柜应有注明系统名称和编号的醒目标识；仪表、指示灯应正常，转换开关应处于"自动"运行模式。

4. 在风机控制柜或消防控制室消防联动控制器转换开关处于"自动"运行模式时，按下"启动"按钮，风机应能正常启动并有反馈信号，在排烟口处用纸张进行风向和风量的测试，纸张应能被吸住，按下"停止"按钮，风机应停止运行并有反馈信号。

## （三）机械加压送风系统

1. 风机的标牌应牢固，应有注明系统名称和编号的醒目标识；风机与风管连接处应严密，连接材料不应老化和破损且周围不应存放可燃物。

2. 风机房内不应堆放杂物，应设置应急照明和消防电话。

3. 控制柜应有注明系统名称和编号的醒目标识；仪表、指示灯应正常，转换开关应处于"自动"运行模式。

4.在风机控制柜或消防控制室消防联动控制器转换开关处于"自动"运行模式时，按下"启动"按钮，风机应能正常启动并有反馈信号，在送烟口处进行风向和风量的测试，送风口应能明显感觉有风吹出，按下"停止"按钮，风机应停止运行并有反馈信号。

## 十三、防火卷帘

1. 防火卷帘下方不应存在影响卷帘门正常下降的障碍物，周围0.3m范围内不得堆放物品。

2. 检查防火卷帘防护罩（箱体）至顶棚、梁、墙、柱之间的空隙，应采用防火封堵材料封堵，并保持完好。

3. 防火卷帘控制器应处于无故障的工作状态，手动按下防火卷帘控制器"下行"按钮，卷帘应向下运行平稳并保持顺畅，下降到地面后不应存在缝隙；按下"上行"按钮，观察卷帘上升到高位时应能正常停止；卷帘运行过程中随时按停止按钮，卷帘应停止运行。

### 十四、消防控制室

1. 疏散门应直通室外或安全出口，开向建筑内的门应采用乙级防火门。

2. 室内应设置应急照明以及外线电话。

3. 应实行24小时专人值班制度，每班不少于2人，值班人员应持有四级（中级）及以上等级证书。

4. 应查阅《消防控制室值班记录表》（值班人员应每2小时记录一次值班情况）、《建筑消防设施巡查记录表》、《建筑消防设施检测记录表》（表格样式详见《建筑消防设施的维护管理》GB 25201–2010），通过查阅火灾报警控制器的历史信息，对比值班记录，检查值班人员记录火警或故障等信息是否及时。

5. 查阅交接班记录，检查交接班记录是否填写规范并通过对照笔迹的方式查看是否由本人签字。

6. 火灾报警控制器应设在自动状态，按下火灾报警控制器自检按钮，火灾报警声、光信号应正常，切断火灾报警控制器的主电源，备用电源应自动投入运行。

7. 应询问值班人员是否熟知火灾处置流程。

8. 应存放各类消防资料、台账及火灾报警地址码图。

# 第三章　消防安全管理相关文件

## 博物馆火灾风险检查指引（试行）

博物馆是指以教育、研究和欣赏为目的，收藏、保护并向公众展示人类活动和自然环境的见证物，经登记管理机关依法登记的非营利组织。设在文物建筑内的博物馆，还应符合国家文物建筑消防安全的有关规定。博物馆火灾风险检查指引如下：

**一、检查消防安全管理**

**（一）资料档案抽查重点**

1. 消防安全责任人、管理人及其消防安全职责是否明确，是否逐级按岗位建立消防安全责任制。

2. 消防安全管理制度是否健全，消防工作档案是否齐全，火灾风险隐患自知自查自改以及承诺公示制度是否建立。

3. 消防巡查检查、隐患整改、奖惩情况的记录是否齐全，火灾隐患整改是否"闭环"，重点部位是否明确并实行严格管理。

4. 工作人员消防安全教育培训制度是否建立，是否开展经常性教育培训。

5. 是否组织制订符合本单位实际的灭火和应急疏散预案，是否至少每半年开展一次演练。

6. 消防控制室值班人员、电工是否取得相应职业资格证书。消防设施的维护保养、检测是否由具备从业条件的机构和执业人员实施。

**（二）现场实体抽查重点**

1. 询问消防安全责任人、管理人是否知晓自身消防安全职责，是否掌握本单位主要火灾风险以及文物建筑毗邻区域和保护范围内相关火灾风险。

2. 询问重点部位责任人、商铺经营者是否掌握相应场所的消防安全管理要求。查看施工现场消防安全管理制度和现场监护措施是否落实。

3. 询问工作人员是否清楚本单位、本岗位的火灾危险性和防火措施。

4. 抽查是否违规搭建临时建筑或堆放可燃物品，是否占用防火间距，是否占用、堵塞消防通道和安全出口。

**二、检查火灾危险源**

**（一）用火用油用气**

1. 资料档案抽查重点

（1）用火用油用气安全管理制度是否制定并落实。

（2）查看燃气用具的安装、使用及其管路的设计、敷设、维护保养、检测是否由具备资质的机构实施。

2. 现场实体抽查重点

（1）对携带火种及违规吸烟等行为的检查和监管措施是否落实。

（2）文物建筑内的博物馆是否存在违规燃灯、烧纸、焚香等使用明火行为。

（3）除工艺特殊要求和厨房外，建筑内是否违规设置明火设施，是否使用、储存火灾危险性为甲、乙类的物品。

（4）是否违规使用瓶装液化石油气、小型液化气炉、油气炉及其他甲、乙类液体燃料。

（5）是否违规采用炭火取暖，采用燃气锅炉取暖是否落实消防安全措施。

**（二）用电情况**

1. 资料档案抽查重点

（1）用电安全管理制度是否制定并落实。

（2）查看电气线路、消防设施的设计、敷设、检测是否由具备资质的机构实施。

2. 现场实体抽查重点

（1）询问电工是否会根据相关仪器仪表显示情况分析判断电气故障，是否知晓火灾时不应关闭消防电源。

（2）是否按要求安装使用漏电保护装置和电气火灾监控系统。

（3）使用漏电流模拟设备测试剩余电流探测器、漏电保护装置功能是否完好；使用红外测温仪抽测变压器、配电柜、配电箱、电气线路等是否存在温度异常现象。

（4）除展示照明和监测报警等正常用电外，是否存在其他违规用电行为；是否违规使用卤钨灯等高温照明灯具和电加热茶壶、电磁炉、热水器、微波炉、咖啡机、电饭煲等大功率电器。

（5）电气线路选型、断路器等是否与用电负荷相匹配；明敷电气线路是否穿管保护，是否存在线路老化、绝缘层破损、线路受潮、水浸等问题，是否存在过热、烧损、熔焊、电腐蚀等痕迹；电线接头是否采用接线端子等可靠连接，电气线路、开关、插座是否直接敷设安装在可燃材料上；防雷击保护装置是否完好有效，其配电线路接地线与防雷装置是否做可靠的等电位连接。

（6）配电箱接地设施是否完好，箱内线路敷设是否正确，线路孔洞是否进行防火封堵，周围是否存在可燃物。

（7）馆内是否违规采用电暖气、电热毯取暖；馆内制冷、除湿、加湿装置长时间通电，是否落实安全检查措施。

（8）电动自行车、电瓶车、电动平衡车等使用蓄电池的交通工具是否违规在馆内停放、充电，工作人员是否违规将蓄电池带至室内充电。电动汽车停放、充电是否与建筑保持安全距离。

### 三、检查重点场所及部位

#### （一）陈列展览厅

1. 临时布展的场所，是否采用易燃可燃材料装修，是否破坏防火防烟分隔设施。

2. 临时布展施工现场是否按要求设置灭火器等消防器材，动火作业时是否对周边可燃物进行清理并落实动火审批和现场监护制度，施工作业是否停用、破坏或遮挡消防设施。

3. 是否设置各类易燃可燃物挂件或装饰造型，是否违规在可燃物上悬挂、布置电气线路、高温电器设备等。

4. 展位宣传箱牌等加装的亮化灯具、显示屏和灯箱等用电设备是否与可燃物保持安全距离；是否存在私拉乱接和超负荷用电情况，临时电气线路敷设是否规范；展柜内照明是否采用冷光源灯具。

5. 展位设置和展台、展柜、展品的摆放是否占用、堵塞疏散通道和安全出口，是否影响消防设施的正常使用。

6. 展厅疏散指示标志设置是否清晰可见，并指向最近的安全出口，是否采取防止超员的措施。

7. 博物馆建筑的展厅内是否设置应急照明。

8. 展柜内陈列照明是否直接敷设在可燃材料上，灯具线路是否穿管保护，线路接头是否采用接线盒等连接方式。展柜底部安装的用电设备电气线路敷设是否符合标准要求。

9. 展台、展柜、展具等是否采用不燃、难燃材料制作。

10. 是否违规使用白炽灯、高压汞灯等高温照明灯具。

（二）影视厅及互动体验室

1. 厅内座椅、窗帘、地毯、吸声材料等的燃烧性能是否符合《建筑内部装修设计防火规范》的要求。

2. 核查照明灯具及电气设备、线路的高温部位与幕布、软包等装饰装修材料是否保持安全防护距离。

3. 用于教育和展示的多媒体显示屏、电子沙盘模型、放映设备、幕布及机房处电气线路敷设是否符合规范要求。

4. 投影仪、音响和特殊大型科技体验设备等电气设备是否定期维护保养。

5. 厅室疏散门或安全出口是否分散布置，是否在醒目位置设置疏散示意图，是否有影响疏散的障碍物。

**（三）藏品库**

1. 核查藏品库区的平面布置、装修材料、安全疏散等防火设计是否满足《博物馆建筑设计规范》的要求。

2. 核查藏品库是否违规搭建阁楼、分隔小间，是否违规采用易燃彩钢板搭建库房或其他临时用房。

3. 查看藏品是否按照材质类别分间储藏，储藏间是否违规设置套间。一级文物、标本等珍贵藏品库房是否独立设置。

4. 电源开关是否统一安装在藏品库房总门之外，是否设置防剩余电流的安全保护装置。电气线路敷设是否规范，照明灯具是否按要求安装防护罩。

5. 是否违规使用电炉、电加热器、移动式照明灯具等电器设备。照明灯具下方是否堆放物品，其垂直下方与储存物品水平间距是否小于安全距离。

6. 是否按要求设置火灾自动报警系统、自动灭火系统和电气火灾监控系统。

7. 需要控制人员随意出入的安全出口、疏散门或设置门禁系统的疏散门，是否能保证火灾时从内部易于打开。

8. 装卸区、拆箱（包）间及藏品库房的可燃包装材料是否随意堆放未及时清理。当库房内采用木质护墙时，是否采取相应的防火保护措施。

9. 搬运藏品、展品的铲车、电瓶车是否违规停放在馆内。

**（四）装裱及修复室**

1. 装裱室、修复室是否与其他场所进行防火分隔。

2. 对易燃易爆化学药品试剂是否明确管理人，并建立储存、使用等管理制度。压缩气瓶和专用试剂是否分类分区存放，修复现场专用试剂存量是否超过当天用量。

3. 装裱室是否使用明火灶具熬制糨糊等，熬浆、烘烤等设备与周围可燃物等是否保持安全距离。装裱室、修复室设电热装置时，是否采取相应的安全防护措施。

4. 修复室属于易燃易爆场所的，室内是否采用不发火花的地面。

5. 因工艺要求设置明火设施，或使用、储藏火灾危险性为甲类、乙类物品时，是否采取防火和安全措施。

6. 熏蒸、清洗、干燥、修复、打磨等产生可燃气体或粉尘的区域是否设置可燃气体检测报警设施和泄压设施。

7. 确需使用油漆稀释剂等各种易燃危险品的，是否在安全区域存放并限量领料，是否违规在作业现场调配用料。

**（五）档案室**

1. 是否根据档案室等级和分类设置相应的灭火系统，按照标准配备消防设施器材。

2. 除尘、消毒室是否在室内外分设控制开关，其排气管道是否违规穿越其他用房。

**（六）厨房**

1. 检查厨房是否与其他区域采取防火分隔措施。

2. 查看炉具是否定期检测和保养，燃气管道、法兰接头、仪表、阀门是否存在破损、泄漏和老化现象，液化石油气钢瓶是否安全存放或存放量过多。

3. 检查燃气管线、连接软管、灶具是否老化、超出使用年限，是否设置燃气紧急切断装置。

4. 核查排油烟罩、油烟道是否定期清洗。

**（七）重要设备用房**

查阅竣工图纸，抽查设备用房位置和使用功能有无变化；锅炉房、柴油发电机房、空调机房、油浸变压器室的防火分隔是否被破坏，安全防控措施是否落实，是否存放易燃可燃杂物。

**（八）消防设施**

1. 核对消防设施维保记录和检测报告是否真实有效，是否违规出具失实、虚假检测报告和维保记录。

2. 检查测试消防设施是否完好有效，消防控制室是否落实两人值班及持证上岗制度。

**四、检查应急处置能力**

**（一）微型消防站或专职消防队**

1. 查看专职消防队或志愿消防队（微型消防站）人员、器材装备配备是否符合要求，是否建立通信联络机制，通信工具配备是否齐全。相关管理制度是否完善，是否按要求落实值班值守制度。

2. 询问队员是否熟悉建筑结构、功能布局、场所性质、重点部位、消防设施、疏散通道等情况，能否熟练操作消防器材装备。

3. 是否与辖区消防救援站建立联勤联动机制，是否定期开展联合演练。

**（二）现场拉动测试**

现场模拟火情并拉动演练，测试专职消防队或微型消防站，是否能快速响应，是否建立高效的通信联络机制，是否满足"1分钟响应启动、3分钟到场扑救、5分钟协同作战"要求，快速开展初起火灾扑救工作。

# 第三部分
# 宗教活动场所
# 消防安全检查

# 第一章　宗教活动场所主要火灾风险

宗教活动场所是信教公民开展集体宗教活动的寺院、道观、清真寺、教堂（简称寺观教堂）及其他固定宗教活动处所，是非营利性组织。宗教活动场所主要火灾风险如下：

## 第一节　起火风险

**一、明火源风险**

1. 大型庙会、弥撒、礼拜、祈福、佛道活动时，经常出现燃香、烧纸、点烛、设置长明灯等现象，明火区周边堆放杂物，与其他可燃物或区域未做有效分隔，或在非指定安全区域内烧纸、焚香、使用燃灯等，且无专人看管，未落实安全管控措施。

2. 宗教活动场所内违规吸烟，违规使用明火（如厨房以及大型活动临时增设灶台），违规储存、使用易燃易爆危险品。

3. 宗教活动场所冬季违规采用炭火取暖，采用燃气锅炉取暖未落实安全防护措施。

4. 违规进行电焊、气焊、切割等明火作业。

5. 建筑周边违规销售、储存、燃放烟花爆竹和孔明灯等。

**二、电气火灾风险**

1. 宗教活动场所配电室内堆放杂物，配电箱未与可燃物保持安全距离；电气线路敷设不符合要求，电气线路老化、绝缘层破损、线路受潮；

使用铜线、铝线代替保险丝。部分年代久远，设置的电气线路老化、破损严重。

2. 部分宗教活动场所建筑内电气线路未穿管保护；电气线路选型不当、连接不可靠；电气线路、电源插座、开关安装敷设在可燃材料上或未与窗帘、垂幔等可燃物保持安全距离；线路与插座、开关连接处松动，插头与插套接触处松动。

3. 选用不符合国家标准、行业标准的电器产品以及电气线路。

4. 宗教活动场所建筑内冬季违规采用电暖气、电褥子取暖。

5. 宗教活动场所建筑内制冷、除湿、加湿装置长时间通电，未落实安全防护措施。

6. 临时加装的亮化灯具、LED显示屏、灯箱、用电设备超出线路荷载；展示柜内的照明未采用冷光源。

7. 未按要求安装防雷设施，防雷设施未定期检测维护并确保完好有效。

8. 电动自行车、电瓶车、电动平衡车等使用蓄电池的交通工具违规在建筑内停放、充电，工作人员将蓄电池带至建筑内充电。电动汽车停放、充电未与建筑保持安全距离。

**三、违规使用可燃物风险**

1. 违规采用聚氨酯、聚苯乙烯、海绵、毛毯、木板等易燃可燃材料装饰装修。

2. 庙会、礼拜及节日期间举办大型活动时，使用大量易燃可燃夹芯材料进行违规搭建彩钢板房。部分有人居住的建筑，集中存放大量书籍、木质家具、灯油、焚香、蜡烛等易燃可燃物品。

3. 宗教活动场所中使用经幡、帐幔、伞盖、地毯、锦绣等可燃织物未与明火源及电气线路、电器产品保持安全距离。

**四、其他起火风险**

部分宗教活动场所长期作为民居、粮仓、教室、办公场所等场所或者被开发为旅馆、饭店、作坊等生产经营性场所，用火用油用气用电等未严格落实宗教活动场所相关消防安全管理要求。

## 第二节 火灾状态下人员安全疏散风险

1. 宗教活动场所在举办大型庙会、弥撒、礼拜、祈福、佛道活动时，场所内停留人数超过疏散人数，违规设置临时居住用房，违规增设夹层、隔间作为人员休息区域。

2. 在大型活动时，违规在用于安全疏散的亚安全区域内增设商业摊位、游乐设施、展览展示场所，违规将用于安全疏散的下沉式广场改变为活动场所或商业用途，且未设置明显的指示标识。

3. 应急广播系统不能正常使用，疏散提示内容不清晰、不准确，不能向全区域播送，室内应急照明数量不足、亮度不够；疏散指示标志设置不符合要求或被遮挡。

4. 安全出口、疏散通道占用、堵塞、锁闭，未在显著位置设置安全出口标识和使用提示，发生火灾时人员难以及时选择安全的疏散路线逃生。

## 第三节 火灾蔓延扩大风险

1. 宗教活动场所建筑之间防火分隔措施被破坏或不到位，与毗邻建筑防火分隔不到位、防火间距被占用。

2. 地处森林、郊野的宗教活动场所建筑周边未开辟防火隔离带。

3. 宗教活动场所未依法依规建立专职消防队或志愿消防队（微型消防站），未与周边消防力量建立联动机制。

4. 宗教活动场所内消防设施运行不正常，发生火灾后不能早期预警、快速处置；值班人员对消防设施器材操作不熟悉。

5. 未设置消防车通道，现有消防车通道上设置停车泊位、构筑物、固定隔离桩等障碍物，影响灭火救援。

6. 未设置室外消防栓或消防水池等消防水源，未配备手抬泵等消防器材，未在周边水源设置取水设施，不能保证消防供水需要。

# 第四节　重点部位火灾风险

**（一）焚香、进香区域**

1. 焚香、进香区域周边未设置灭火器、水缸、水桶、沙土等器材以备灭火。

2. 现场无专人看护，焚香、进香结束后未及时消除火源。

3. 未针对大风天气明确禁止焚香、进香的要求。

4. 周边堆放易燃可燃物。

**（二）大殿、偏殿等主要建筑**

1. 道观、寺庙、教堂等场所大殿内使用的经幡、帐幔、伞盖、地毯、锦绣等可燃织物未与明火源及电气线路、电器产品保持安全距离。

2. 照明、展览背景灯长时间通电和超年限使用。

3. 未在大殿内方便取用的位置按组配备灭火器。

4. 藏经楼、仓库等场所的物品堆放不符合安全要求。

**（三）厨房**

1. 大部分厨房操作间与其他部位未采取防火分隔措施。

2. 使用管道燃气的，部分场所的燃气管线、连接软管、灶具等老化、超出使用年限，未设置燃气紧急切断装置；使用瓶装液化石油气的，钢瓶未安全存放或钢瓶存放量过多。

3. 油烟管道未及时清洗。

4. 厨房未按标准配备消防设施和器材。

**（四）宗教活动场所宿舍**

1. 宿舍疏散通道、安全出口数量不足或锁闭、堵塞、占用。

2.工作人员、僧人、居士在宿舍内违规使用明火；违规使用大功率电器；违规停放电动自行车及充电；私拉乱接电气线路。

3.新建设的宿舍未按照标准配备消防设施器材。

4.宿舍外窗设置铁栅栏等影响疏散逃生的障碍物。

5.使用可燃夹芯泡沫彩钢板搭建宿舍，宿舍内使用易燃可燃材料进行分隔、装饰。

**（五）举办大型活动现场**

1.宗教活动场所保护范围内举办祭祀、庙会、礼拜日、游园、展览、纪念日等大型活动时或节假日旅游高峰期，未制订专门的应急疏散预案，未实行限流措施，人员流动超出最大承载人数。

2.举办大型活动现场布置施工违规使用大功率用电设备，临时加装的亮化灯具、LED屏幕、灯箱等用电设备超出线路荷载，电气线路敷设、连接不规范，活动结束未及时断电等。

# 第二章 宗教活动场所消防安全检查要点

## 第一节 消防安全管理

### 一、消防档案

#### （一）消防档案要求

消防档案应包括消防安全基本情况和消防安全管理情况，档案内容翔实，能全面反映单位消防工作基本情况，并附有必要的图表，根据实际情况及时更新。

#### （二）消防安全基本情况档案

1. 单位基本概况和消防安全重点部位情况，设置在偏远地区的宗教活动场所可以将附近可用的消防水源作为重点部位进行标注。

2. 消防组织和各级消防安全责任人。

3. 微型消防站设置及人员、消防装备配备情况。

4. 相关租赁合同。

5. 消防安全管理制度和保证消防安全的操作规程，灭火和应急疏散预案。

6. 消防设施、灭火器材配置情况。

7. 专职消防队、志愿消防队人员及其消防装备配备情况。

8. 消防安全管理人、自动消防设施操作人员、电气焊工、电工、易燃易爆危险品操作人员的基本情况。

9. 新增消防产品质量合格证，新增建筑材料和室内装修、装饰材料的防火性能证明文件。

### （三）消防安全管理情况档案

1. 消防安全例会记录或会议纪要、决定。

2. 消防救援机构填发的各种法律文书。

3. 消防设施定期检查记录、自动消防设施全面检查测试的报告（要求每年进行一次检测）、单位与具有相关资质的消防技术服务机构签订的委托检测和维修保养合同以及维修保养的记录（记录要有消防技术服务机构公章和人员签字）。

4. 火灾隐患、重大火灾隐患及其整改情况记录。

5. 消防控制室值班记录。

6. 防火检查、巡查记录。

7. 有关燃气、电气设备检测，动火审批，厨房烟道清洗等工作的记录资料。

8. 消防安全培训记录。

9. 灭火和应急疏散预案的演练记录。

10. 各级和各部门消防安全责任人的消防安全承诺书。

11. 火灾情况记录。

12. 消防奖励情况记录。

## 二、消防安全责任制落实

实地抽查提问消防安全责任人、管理人（多由当地乡镇、街道、使用单位或僧人、道士、神父等宗教人员担任），检查是否熟知以下工作职责：

### （一）消防安全责任人工作职责

1. 贯彻执行消防法律法规，保障单位消防安全符合国家消防技术标准，掌握本单位的消防安全情况，全面负责本场所的消防安全工作。

2. 统筹安排本场所的消防安全管理工作，批准实施年度消防工作计划。

3. 为本单位的消防安全管理工作提供必要的经费和组织保障。

4. 确定逐级消防安全责任，批准实施消防安全管理制度和保障消防安全的操作规程。

5. 组织召开消防安全例会，组织开展防火检查，督促整改火灾隐患，及时处理涉及消防安全的重大问题。

6. 根据有关消防法律法规的规定建立专职消防队、志愿消防队（微型消防站），并配备相应的消防器材和装备。

7. 针对本场所的实际情况，组织制订符合本单位实际的灭火和应急疏散预案，并实施演练。

**（二）消防安全管理人工作职责**

1. 拟订年度消防安全工作计划，组织实施日常消防安全管理工作。

2. 组织制定消防安全管理制度和保障消防安全的操作规程，并检查督促落实。

3. 拟订消防安全工作的经费预算和组织保障方案。

4. 组织实施防火检查和火灾隐患整改。

5. 组织实施对本单位消防设施、灭火器材和消防安全标志的维护保养，确保其完好有效和处于正常运行状态，确保疏散通道、走道和安全出口、消防车通道畅通。

6. 组织管理专职消防队或志愿消防队（微型消防站），开展日常业务训练，组织初起火灾扑救和人员疏散。

7. 组织从业人员开展岗前和日常消防知识、技能的教育和培训，组织灭火和应急疏散预案的实施和演练。

8. 定期向消防安全责任人报告消防安全情况，及时报告涉及消防安全的重大问题。

9. 管理单位委托的物业服务企业和消防技术服务机构。

10. 单位消防安全责任人委托的其他消防安全管理工作。

未确定消防安全管理人的单位，上述规定的消防安全管理工作由单位消防安全责任人负责实施。

**三、消防安全管理制度**

**（一）消防安全制度内容**

1. 消防安全教育、培训。

2. 防火巡查、检查；安全疏散设施管理。

3. 消防控制室值班。

4. 消防设施、器材维护管理。

5. 用火、用电安全管理。

6. 微型消防站的组织管理。

7. 灭火和应急疏散预案演练。

8. 燃气和电气设备的检查和管理。

9. 火灾隐患整改。

10. 消防安全工作考评和奖惩。

11. 其他必要的消防安全内容。

**（二）多产权、多使用单位管理**

1. 应明确多产权、多使用单位或者承包、租赁、委托经营单位消防安全责任。

2. 消防车通道、涉及公共消防安全的疏散设施和其他建筑消防设施应当由产权单位或者委托管理的单位统一管理。

3. 在与商户或业主签订相关租赁或者承包合同时，应在合同内明确各方的消防安全职责。各业主应当在各自职责范围内履行职责。

4. 实行统一管理时，应制定统一的管理标准、管理办法，明确隐患问题整改责任、整改资金、整改措施。

**（三）防火巡查、检查**

1. 翻阅《防火巡查记录》《防火检查记录》，查看是否至少每日进行一次防火巡查、夜间防火巡查、每个月进行一次防火检查，是否如实登记火灾隐患情况。

2. 《防火巡查记录》《防火检查记录》中，巡查、检查人员和管理人是否分别在记录上签名，并通过核对笔迹的方式确定签字的真实性。

3. 对照场所的《防火巡查记录》《防火检查记录》中记录的隐患，实地查看整改及防范措施的落实情况。

### （四）消防安全培训教育

1. 应对全体生活在宗教活动场所内的宗教人员至少每半年进行一次消防安全培训，对新进入人员应进行入住前消防安全培训。

2. 培训内容应以电气等火灾风险及防范常识，灭火器和消火栓的使用方法，防毒防烟面具的佩戴，人员疏散逃生知识等为主。

3. 查看人员消防安全培训记录、培训照片等资料是否真实，是否记明培训的时间、参加人员、内容，参培人员是否签字，随机抽查人员消防安全"四个能力"（即检查消除火灾隐患能力、组织扑救初起火灾能力、组织人员疏散逃生能力、消防宣传教育培训能力）掌握情况。

| 消防安全教育培训记录表 | | | |
|---|---|---|---|
| 培训时间 | | 培训地点 | |
| 参加人数 | | 授课人 | |
| 参加培训人员： | | | |
| 培训内容：<br>**消防安全知识"三懂"**<br>一、懂本单位火灾危险性<br>　1. 防止触电；2. 防止引起火灾；3. 可燃、易燃品、火源。<br>二、懂预防火灾的措施<br>　1. 加强对可燃物质的管理；2. 管理和控制好各种火源；3. 加强电气设备及其线路的管理；4. 易燃易爆场所应有足够的适用的消防设施，并要经常检查做到会用、有效。<br>三、懂灭火方法<br>　1. 冷却灭火方法；2. 隔离灭火方法；3. 窒息灭火方法；4. 抑制灭火方法。<br>**消防安全知识"四会"**<br>一、会报警<br>　1. 大声呼喊报警，使用手动报警设备报警；2. 如使用专用电话、手动报警按钮、消火栓按键击碎等；3. 拨打119火警电话，向当地消防救援机构报警。 | | | |

二、会使用消防器材

　　拔掉保险销，握住喷管喷头，压下提把，对准火焰根部即可。

三、会扑救初期火灾

　　在扑救初期火灾时，必须遵循：先控制后消灭，救人第一，先重点后一般的原则。

四、会组织人员疏散逃生

　　1. 按疏散预案组织人员疏散；2. 酌情通报情况，防止混乱；3. 分组实施引导。

**消防安全"四个能力"基本内容**

　　1. 检查消除火灾隐患能力：查用火用电，禁违章操作，查通道出口，禁堵塞封闭，查设施器材，禁损坏挪用，查重点部位，禁失控漏管；2. 扑救初起火灾能力：发现火灾后，起火部位员工1分钟内形成第一灭火力量，火灾确认后，单位3分钟内形成第二灭火力量；3. 组织疏散逃生能力：熟悉疏散通道，熟悉安全出口，掌握疏散程序，掌握逃生技能；4. 消防宣传教育能力：消防宣传人员，有消防宣传标志，有全员培训机制，掌握消防安全常识。

**微型消防站"三知四会一联通"**

　　1. "三知"：微型消防站队员要知道单位内部消防设施位置、知道疏散通道和出口、知道建筑布局和功能；2. "四会"：会组织疏散人员、会扑救初起火灾、会穿戴防护装备、会操作消防器材；3. "一联通"：消防救援支队或大中队与微型消防站、微型消防站与队员保持通信联络畅通。

培训照片：

**（五）灭火和应急疏散预案及演练**

1. 应至少每半年组织一次全员参与的灭火和应急疏散预案演练。

2. 翻阅灭火和应急疏散预案，查看是否有针对性地制订灭火和应急疏散预案，是否根据建筑改造、人员调整等情况，及时进行修订。灭火和应急疏散预案应当至少包括下列内容：

（1）建筑的基本情况、重点部位及火灾风险分析。

（2）明确火灾现场通信联络、灭火、疏散、救护、对接消防救援力量等任务的负责人、组成人员及各自职责。

（3）火警处置程序。

（4）应急疏散的组织程序和措施。

（5）扑救初起火灾的程序和措施。

（6）通信联络、安全防护和人员救护的组织与调度程序和保障措施。

3.翻阅演练记录、照片等材料，查看演练的时间、地点、内容、参加人员是否属实，演练是否以人员集中、火灾危险性较大和重点部位为模拟起火点、是否全员参与、是否按照预案内容进行模拟演练，并随机询问员工是否熟知本岗位职责、应急处置程序等情况。

**（六）消防宣传提示**

1. 应在安全出口处张贴"三自主两公开一承诺"（自主评估风险、自主检查安全、自主整改隐患，向社会公开消防安全责任人、管理人，并承诺本场所不存在突出风险或者已落实防范措施）公示牌。

2. 营造场所消防宣传氛围，利用内部LED电子显示屏、大屏幕和广播等滚动播放消防安全常识；要在庙会、礼拜及人员流动性大的节假日期间，加强消防宣传提示。

3. 在建筑显著位置（尤其是人员集中的大殿、佛堂、礼拜堂等处）张贴宣传挂图以及安全疏散逃生示意图，疏散指示图上应标明疏散路线、安全出口和疏散门、人员所在位置和必要文字说明。

4. 制冷设备房、配电室、厨房和库房等重点部位张贴火灾风险提示。

# 第二节　微型消防站建设

设有消防控制室的宗教活动场所应建立微型消防站，并按以下要求设置：

**一、人员设置**

1. 人员数量设置原则上不少于6人。

2. 应结合实际设站长、队员等岗位。

3. 站长由该场所消防安全管理人担任，队员由其他员工担任。

**二、日常工作职责**

1. 应定期组织开展业务训练，每个月至少开展一次全员拉动测试。

2. 人员应保持随时在岗在位，确保接到火警信息后能各负其责，"3分钟到场"进行处置。

3. 要具备"三知四会"能力，即知道消防设施和器材位置、知道疏散通道和出口、知道建筑布局和功能；会组织疏散人员、会扑救初起火灾、会穿戴防护装备和会操作消防器材。

4. 站长职责

（1）负责微型消防站日常管理。

（2）组织制定及落实各项管理制度和灭火应急预案。

（3）组织防火巡查。

（4）组织消防宣传教育和应急处置训练。

（5）指挥初起火灾扑救和人员疏散。

（6）对发现的火灾隐患和违法行为进行及时整改。

5. 队员职责

（1）应熟练掌握消防设施、器材的性能和操作使用方法。

（2）熟悉设施器材的设置位置和灭火应急预案内容，发生火灾时主要负责扑救初起火灾、组织人员疏散工作。

（3）日常负责防火安全巡查检查工作。

6. 重要保卫时段工作职责

在庙会、礼拜或组织重大活动、重要节假日和重要时间节点时，要加强力量重点防护，并做好如下工作：

（1）对场所内部疏散通道、厨房、库房等重点区域开展一次消防安全自查。

（2）对集中存放大量书籍、木质家具、灯油、焚香、蜡烛等易燃可燃物品的房间进行重点防范。

（3）对电气线路敷设、电器产品的使用开展一次检查。

（4）对自动消防设施进行一次联动测试。

（5）开展一次全员培训和应急疏散演练。

（6）将活动详情和应急处置预案报告给当地消防救援部门。

### 三、器材配备

1. 微型消防站应设置人员值守、器材存放等用房，可与消防控制室合用；有条件的，可单独设置。可根据需要在建筑之间分区域设置消防器材存放点。

2. 应根据扑救初起火灾需要，配备一定数量的灭火器、水枪、水带等灭火器材；配置外线电话、手持对讲机等通信器材；有条件的站点可选配消防头盔、灭火防护服、防护靴、破拆工具等器材。

**四、火场处置流程**

1. 发现火灾后，应向消防控制室报告火灾情况，并利用就近的消火栓、灭火器、消防水桶等器材扑救火灾。

2. 消防控制中心确认火警信息后，应立即启动消防应急广播等消防设施，同时报火警119，通知相关人员迅速开展应急处置工作。

3. 负责灭火工作的人员应快速前往起火点，进行灭火。

4. 负责疏散工作的人员应佩戴防毒防烟面罩，指挥、引导各楼层顾客向安全出口撤离。

5. 负责对接消防救援力量的人员应在室外将到场的消防车引向距起火点最近的安全出口处。

## 第三节　消防安全重点部位

**一、厨房**

1. 厨房应采用耐火极限不低于2.0h的防火隔墙和乙级防火门、窗与其他部位分隔。

2. 厨房的顶棚、墙面、地面应采用不燃材料装修。

3. 不得违规使用醇基燃料；设置在地下室、半地下室内的厨房严禁使用液化石油气；不得违规使用液化气罐。

4. 应配备灭火毯、灭火器，采用可燃气体做燃料的厨房，应设置可燃气体浓度报警装置。

5. 烟罩应定期清洗，油烟管道应每季度至少清洗一次并有清洗前后对比照片的记录。

**二、配电室**

1. 配电室应设置甲级防火门并设置警示标志。

2. 配电室内应配备二氧化碳灭火器和应急照明。

3. 配电室内不得堆放易燃可燃杂物。

### 三、柴油发电机房

1. 应采用耐火极限不低于2.0h的防火隔墙和1.5h的不燃性楼板与其他部位分隔，门应采用甲级防火门。

2. 机房内设置储油间时，其总储存量不应大于1m³，储油间应采用耐火极限不低于3.0h的防火隔墙与发电机间分隔；确需在防火隔墙上开门时，应设置甲级防火门。

3. 应设置应急照明和消防电话。

4. 手动启动柴油发电机，查看是否能正常启动。

### 四、高位消防水箱间

1. 查看消防水箱水位高度，判断实有储水量是否满足要求。

2. 消防水箱的补水管阀门应处于开启状态，当和生活用水合用时，生活用水的出水管应设在水箱顶部。

3. 水箱间应设置应急照明和消防电话。

### 五、库房

1. 应采用耐火极限不低于2.0h的隔墙和乙级防火门、窗与其他区域完全分隔，尤其是存放大量书籍、灯油、焚香、蜡烛等易燃可燃物的库房要重点看护并配备相适应的灭火器材。

2. 库房内敷设的电气线路应穿金属管保护，照明灯具下面半米内不应有可燃物。

3. 库房内严禁使用明火。

4. 库房严禁储存易燃易爆危险品。

### 六、锅炉房

1. 疏散门应直通室外或安全出口。

2. 燃气、燃油锅炉房与其他部位之间应采用耐火极限不低于2.0h的防火隔墙和1.5h的不燃性楼板分隔，在隔墙和楼板上不应开设洞口，确需在隔墙上设置门、窗时，应采用甲级防火门、窗。

3. 锅炉房内设置储油间时，其总储存量不应大于1m³，且储油间应采用耐火极限不小于3.0h的防火隔墙与锅炉间分隔；确需在防火隔墙上设置门时，应采用甲级防火门。

4. 应设置火灾报警装置。

## 七、电气管理

1. 宗教活动场所中，部分年代久远建筑，电气线路老化、破损严重，检查是否有将强电线路直接敷设在可燃木结构构件上。

2. 检查是否有僧侣、居士、信徒违规使用大功率电热器具照明、取暖、烧水做饭。

3. 场所的电气线路敷设、设备安装和维修应当由具备相应职业资格的人员按国家现行标准要求和操作规程进行。

4. 不应私拉乱接电线，电气线路不应敷设在可燃物上，插座（插排）周围0.5m范围内不能有可燃物，顶棚内敷设的电气线路应穿金属管。

5. 对电气线路、设备的运行及维护情况应定期检查、检测，老化、破损严重的电气线路应及时更换。

6. 不应在室内停放电动车或为电动车充电。

## 八、用火管理

1. 建筑内显著位置及宗教人员休息间要有禁烟标识。

2. 大型庙会、弥撒、礼拜、祈福、佛道活动时燃香、烧纸、点烛、设置长明灯等带明火的活动要严格火源管理，设置必要的安全保障措施。

3. 大量设置的帷幕、经幔、经幡是否经过阻燃处理，集中存在大量书籍、木质家具、灯油、焚香、蜡烛等易燃可燃物品处要严加管控。

4. 吸烟区域要设置在相对独立且无可燃物的区域内。

## 九、装修材料

1. 不应使用彩钢板搭建临时建筑。

2. 建筑内部装修应采用不燃和难燃性材料，设置的帷幕、经幔、经幡等可燃材料应经过阻燃处理，使其达到规范要求的耐火等级。

## 第四节 疏散救援设施

### 一、消防车通道

1. 消防车通道应保持畅通，不应被占用、堵塞、封闭。

2. 不应设置妨碍消防车通行的停车泊位、路桩、隔离墩、地锁等障碍物，并须设有严禁占用等标志，在地面设有标识线。

3. 消防车道靠建筑外墙一侧的边缘距离建筑外墙不宜小于5m。

4. 消防车道与建筑之间不应设置妨碍消防车操作的树木、架空管线等障碍物。

5. 消防车道的净宽度和净空高度均不应小于4m；消防车道的坡度不应大于10%；兼做消防救援场地的消防车道，坡度尚应满足消防车停靠和消防救援作业的要求。

### 二、安全出口及疏散楼梯

1. 安全出口数量不应少于2个，疏散门应向外开启，不能采用卷帘门、转门和侧拉门，不能上锁和封堵，应保持畅通。

2. 疏散楼梯的净宽度不应小于1.1m，其中高层公共建筑的疏散楼梯净宽度不应小于1.2m，疏散门和安全出口的净宽度不应小于0.8m。

3. 楼梯间内不能堆放杂物，严禁设置地毯、窗帘、KT板广告牌等可燃材料。

4. 通向室外疏散楼梯的门应采用乙级防火门，应向外开启，不应正对楼梯段。

5. 室外疏散楼梯的梯段和缓台均应采用不燃材料制作，保持畅通。

# 第五节　消防设施器材

### 一、疏散指示标志

1. 疏散指示标志不应被遮挡。

2. 应选择采用节能光源的灯具，标志灯应选择持续型灯具。其中安全出口标志灯应安装在安全出口或疏散门内侧上方居中的位置。疏散指示标志应设置在疏散走道及其转角处距地面高度1m以下的墙面或地面上，当安装在疏散走道、通道上方时，室内高度不大于3.5m的场所，标志灯底边距地面的高度宜为2.2m～2.5m；室内高度大于3.5m的场所，特大型、大型、中型标志灯底边距地面高度不宜小于3m，且不宜大于6m。

3. 灯光疏散指示标志的标志面与疏散方向垂直时，灯具的设置间距不应大于20m；标志灯的标志面与疏散方向平行时，灯具的设置间距不应大于10m。

### 二、应急照明灯

1. 安全出口正上方、疏散走道内，建筑面积大于200㎡的人员密集场所顶棚墙面上设应急照明灯。

2. 平时主电状态是绿灯、故障状态是黄灯、充电状态是红灯，现场按下测试按钮，应保持常亮状态。

3. 连续供电时间不应少于0.5h。

### 三、灭火器

1. 宗教活动场所一般都是配备ABC干粉灭火器或者水基灭火器，压力表指针在绿区；机房、配电室等电气设备用房应配备二氧化碳灭火器。

2.灭火器应有红色消防产品身份标识，根据场所环境、人员密集程度、用火用电情况，可燃物数量和火灾蔓延速度，扑救难易程度等，配备相应的干粉灭火器。

3.灭火器应放在明显和便于取用的地点，灭火器箱不应被遮挡、上锁，开启应灵活。

4.灭火器的零部件齐全，无松动、脱落或损伤，铅封等保险装置无损坏或遗失。

5.喷射软管应完好，无明显裂纹，喷嘴无堵塞。

6.灭火器的筒体无明显缺陷、无锈蚀（特别查看筒底）。

7.干粉灭火器、二氧化碳灭火器出厂期满5年后进行首次维修，之后每2年维修一次；二氧化碳灭火器的报废期限为12年，干粉灭火器的报废期限为10年。

8.手提式灭火器宜设置在灭火器箱内或挂钩、托架上，其顶部离地面高度不应大于1.5m；底部离地面高度不宜小于0.08m。灭火器箱不得上锁。

**四、防火门**

1.常闭式防火门应有红色的消防产品合格标志，且处于关闭状态，门扇启闭应灵活，无关闭不严的现象；门框、门扇、门槛、把手、锁、防火密封条、闭门器、顺序器等组件应保持齐全、好用。

2. 常闭式防火门应有"保持常闭"字样标识。

3. 门框上的缝隙、孔洞应采用水泥砂浆等不燃烧材料填充。

4. 释放单扇防火门，门扇应能自动关闭；释放双、多扇防火门，观察门扇是否能实现顺序关闭，并保持严密。

5. 检查常开式防火门时，按下常开防火门释放器的手动按钮，防火门应自行关闭且严密，闭门信号应传送至消防控制室。

**五、室内消火栓系统**

1. 消火栓不应被埋压、圈占、遮挡。

2. 消火栓箱门应张贴操作说明，能正常开启且开启角度不小于120°。

3. 水带、水枪、接口应齐全，水带不应破损，水带与接口应牢靠，消火栓栓口方向应向下或与墙面成90°角，检查时，应在顶层进行出水测试，水压符合要求。

4. 设有消火栓报警按钮的，接线应完好，有巡检指示功能的其巡检指示灯应闪亮。

5. 按下消火栓按钮，指示灯应常亮，火灾报警控制柜应收到反馈信号。

**六、室外消火栓系统**

1. 室外消火栓不应被埋压、圈占、遮挡。

2. 地下消火栓应有明显标识，井盖能顺利开启，井内不能存有积水以及妨碍操作的杂物等。

3. 使用消火栓扳手检查消火栓闷盖、阀杆操作应灵活。

4. 连接消防水带测试室外消火栓，供水压力应符合规定，栓口无漏水现象。

5. 冬季应做好防寒措施。

## 七、火灾自动报警系统

### （一）火灾探测器

1. 火灾探测器0.5m范围内不应有障碍物。

2. 火灾探测器（常见感烟探测器）平时巡检灯应闪亮，现场对顶棚的感烟探测器进行吹烟测试，感烟探测器应处于常亮状态，报警控制器应能够显示火灾报警信号，能打印火灾信息，系统显示时间应和实际时间一致。

3. 不得出现被摘除、损坏或是未摘掉防尘罩等违法行为。

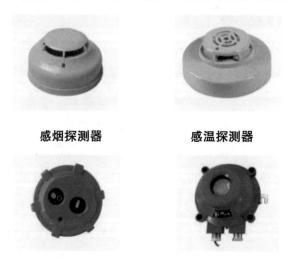

感烟探测器　　　　　　感温探测器

火焰探测器　　　防爆红外光束线型感烟探测

### （二）手动火灾报警按钮

1. 查看具有巡检指示功能的手动报警按钮的指示灯应正常闪亮，表面无破损，周围不应存在影响辨识和操作的障碍物。

2. 按下手动报警按钮进行报警试验，报警确认灯应常亮，核实火灾报警控制器应接收到其发出的火警信号。

## 八、自动喷水灭火系统

1. 检查末端试水装置组件（试水阀门、试水接头、压力表）是否完整，压力不应低于0.05MPa。

2. 末端试水装置应有醒目标志，地面应设置排水设施。

3. 打开末端试水放水阀进行放水试验，5分钟内消防水泵应自动启动，同时火灾报警控制器上应有水流指示器、压力开关报警信号及消防水泵的动作反馈信号。

### 九、消防水泵

1. 消防水泵房应设置应急照明和消防电话，采用耐火极限不低于2.0h的防火隔墙和1.5h的楼板与其他部位分隔；疏散门应直通室外或安全出口，开向疏散走道的门应采用甲级防火门。

2. 消防水泵应注明系统名称，应有主、备泵标识，消防给水设施的管道阀门应有开/关的状态标识。

3. 消防水泵控制柜转换开关应处于"自动"运行模式；将消防水泵控制的转换开关置于"手动"模式，分别按下主、备泵的"启动"按钮，待"启动"指示灯亮起再按下相应的"停止"按钮，水泵应能正常启动和停止。

4. 在消防控制室消防联动控制器上进行手动启、停消防泵的操作，泵组启、停应正常，控制器应有消防泵启动、动作反馈和停止的信号显示。

### 十、稳压设施

1. 气压罐及其组件外观不应存在锈蚀、缺损情况，标志应清晰、完整。

2. 电气控制箱应处于通电状态，将电气控制箱旋钮调至"手动"模式，分别按下主、备泵的"启动"按钮，待"启动"指示灯亮起再按下相应的"停止"按钮，稳压泵应能正常启动和停止。

3. 稳压系统的电接点压力表应有启停泵数值参数标识。

### 十一、消防水泵接合器

1. 水泵接合器设置应不被埋压、圈占、遮挡，应设置永久性标牌标明所属系统和区域，相关组件应完好有效。

2. 地下式水泵接合器井内无积水，应有防冻措施。

### 十二、防排烟设施

排烟系统分为自然排烟系统和机械排烟系统；防烟系统分为自然通风系统和机械加压送风系统。

#### （一）自然排烟设施

自然排烟主要利用可开启的外窗进行排烟，外窗不应设置栅栏和影响逃生、灭火救援的广告牌等障碍物；确需设栅栏的，应能从内部易于开启。

#### （二）机械排烟系统

1. 排烟风机的铭牌应牢固，应有注明系统名称和编号的醒目标识；风机与风管连接处应严密，连接材料不应老化和破损且周围不应存放可燃物。

2. 排烟风机房内不应堆放杂物，应设置应急照明和消防电话。

3. 控制柜应有注明系统名称和编号的醒目标识；仪表、指示灯应正常，转换开关应处于"自动"运行模式。

4. 在风机控制柜或消防控制室消防联动控制器转换开关处于"自动"运行模式时，按下"启动"按钮，风机应能正常启动并有反馈信号，在排烟口处用纸张进行风向和风量的测试，纸张应能被吸住，按下"停止"按钮，风机应停止运行并有反馈信号。

#### （三）机械加压送风系统

1. 风机的铭牌应牢固，应有注明系统名称和编号的醒目标识；风机与风管连接处应严密，连接材料不应老化和破损且周围不应存放可燃物。

2. 风机房内不许堆放杂物，应设置应急照明和消防电话。

3. 控制柜应有注明系统名称和编号的醒目标识；仪表、指示灯应正常，转换开关应处于"自动"运行模式。

4. 在风机控制柜或消防控制室消防联动控制器转换开关处于"自动"运行模式时，按下"启动"按钮，风机应能正常启动并有反馈信号，在送风口处进行风向和风量的测试，送风口应能明显感觉有风吹出，按下"停止"按钮，风机应停止运行并有反馈信号。

十三、防火卷帘

1. 防火卷帘下方不应存在影响卷帘门正常下降的障碍物，周围0.3m范围内不得堆放物品。

2. 检查防火卷帘防护罩（箱体）至顶棚、梁、墙、柱之间的空隙，应采用防火封堵材料封堵，并保持完好。

3. 防火卷帘控制器应处于无故障的工作状态，手动按下防火卷帘控制器"下行"按钮，卷帘应向下运行平稳并保持顺畅，下降到地面后不应存在缝隙；按下"上行"按钮，观察卷帘上升到高位时应能正常停止；卷帘运行过程中随时按停止按钮，卷帘应停止运行。

十四、消防控制室

1. 疏散门应直通室外或安全出口，开向建筑内的门应采用乙级防火门。

2. 室内应设置应急照明以及外线电话。

3. 应实行24小时专人值班制度，每班不少于2人，值班人员应持有四级（中级）及以上等级证书。

4. 应查阅《消防控制室值班记录》（值班人员应每2小时记录一次值班情况）《建筑消防设施巡查记录表》、《检测记录表》（详见《建筑消防设施的维护管理》GB 25201–2010），通过查阅火灾报警控制器的历史信息，对比值班记录，检查值班人员记录火警或故障等信息是否及时。

5. 查阅交接班记录，检查交接班记录是否填写规范并通过对照笔迹的方式查看是否由本人签字。

6. 火灾报警控制器应设在自动状态，按下火灾报警控制器自检按钮，火灾报警声、光信号应正常，切断火灾报警控制器的主电源，备用电源应自动投入运行。

7. 应询问值班人员是否熟知火灾处置流程。

8. 应存放各类消防资料、台账及火灾报警地址码图。

# 第三章　宗教活动场所部分消防安全管理相关文件

## 吉林省宗教活动场所消防安全标准化管理规定（试行）

### 第一章　总则

**第一条**　为进一步提升全省宗教活动场所消防安全管理水平，预防和减少宗教活动场所火灾风险，依据《中华人民共和国消防法》《宗教事务条例》《消防安全责任制实施办法》《吉林省消防条例》《吉林省宗教事务条例》等相关法律法规规章，结合我省实际制定本规定。

**第二条**　本规定适用于省内各级宗教事务部门、宗教团体、宗教院校、宗教活动场所的消防安全管理工作。各宗教团体、宗教院校等消防安全管理工作需结合自身工作特点参照宗教活动场所执行。

**第三条**　本规定所称宗教活动场所是指依法登记开展宗教活动的寺院、宫观、清真寺、教堂及其他固定宗教活动处所。

**第四条**　按照党委领导、政府主导、有关部门依法监管、宗教团体督促协调、宗教活动场所全面负责、教职人员和信教群众积极参与的原则，落实宗教活动场所消防安全主体责任。宗教活动场所的消防安全管理贯彻"预防为主、防消结合"的方针，按照"谁主管，谁负责""谁使用、谁负责"的原则，立足消防安全自查、火灾隐患自除、消防安全责任自负，实行严格、规范、科学管理，着力提升宗教活动场所查改火灾隐患、扑救初起火灾、组织人员疏散逃生和宣传教育培训能力。

## 第二章　消防安全责任

**第五条**　各级宗教事务部门主要负责人是本部门消防安全工作的第一责任人，分管消防安全工作的领导是主要责任人，其他负责人对分管范围内的消防安全工作负责。

**第六条**　各级宗教事务部门应依法履行消防安全行业监管职能，按照属地管理原则指导监督宗教活动场所消防安全工作，开展消防安全隐患排查整治，落实各项防范措施，消除各类事故隐患。把消防安全条件作为宗教活动场所设立和重大宗教活动审核、审批的重要依据。依法组织或参加有关事故的调查处理，按照职责分工对事故发生单位落实防范和整改措施情况进行监督检查。

**第七条**　宗教活动场所应当履行以下职责：

（一）落实消防安全主体责任，制定本场所的消防安全制度、消防安全操作规程、灭火和应急疏散预案；

（二）按标准配置消防设施、器材，设置消防安全标志，并定期组织检验、维修，确保完好有效，检验、维修记录存档备查；

（三）定期组织消防安全工作检查，及时消除隐患，建立工作档案；

（四）大型宗教活动开展前应制订消防安全预案，进行消防安全隐患专项排查；

（五）建立以消防安全管理人或消防安全员为队长的义务消防队，定期组织有针对性的消防演练，熟练掌握消火栓、消防泵、灭火器等消防器材使用方法；

（六）定期对本场所人员进行消防安全培训；

（七）法律法规规定的其他消防安全职责。

**第八条**　宗教活动场所主要负责人为本场所消防安全责任人，对场所消防安全工作全面负责。消防安全责任人应履行以下职责：

（一）掌握本场所消防安全情况，将消防工作与场所管理统筹安排，组织实施年度消防安全工作计划和消防工作业务经费预算方案；

（二）逐级、逐岗位确定本场所消防安全责任，组织落实消防安全制度并保障消防安全操作规程；

（三）建立消防安全例会制度，每季度至少召开一次消防安全工作会议；

（四）每季度至少组织一次全面的消防安全检查，及时处理涉及消防安全的重大问题，负责筹措火灾隐患整改资金；

（五）建立义务消防组织，制订符合本场所实际的灭火和应急疏散预案，定期实施演练。

**第九条**　属于消防安全重点单位的宗教活动场所应在管理层任命一名成员（一般为分管安全的副职）为消防安全管理人，消防安全管理人对消防安全责任人负责。消防安全管理人应履行以下职责：

（一）制订年度消防工作计划和消防工作业务经费预算方案，组织实施日常消防安全管理工作；

（二）组织制定消防安全制度、保障消防安全操作规程并检查督促其落实；

（三）每月至少组织一次防火、防雷、防燃气泄漏等安全工作检查，落实隐患整改工作；

（四）组织实施对本场所消防设施、灭火器材和消防安全标志维护保养工作，确保其完好有效，确保疏散通道和安全出口畅通；

（五）组织建立和管理义务消防组织，每半年至少组织一次灭火技能培训和预案演练；

（六）组织开展对宗教教职人员和信教群众的消防知识、消防技能的宣传教育和培训，组织灭火和应急疏散预案的实施和演练；

（七）至少每半年向消防安全责任人专题报告一次消防安全情况，及时报告涉及消防安全的重大问题；

（八）场所消防安全责任人委托的其他消防安全管理工作。

未确定消防安全管理人的其他宗教活动场所，前款规定的消防安全管理职责由宗教活动场所消防安全责任人负责实施。

**第十条**　宗教活动场所应明确3名以上消防安全员，消防安全员在消防安全责任人或者消防安全管理人的领导下开展工作，并履行下列职责：

（一）掌握消防法律法规，了解本场所消防安全状况，及时向上级报告；

（二）提请确定消防安全重点部位，提出落实消防安全管理措施的建议；

（三）实施日常防火、防雷、防燃气泄漏等安全工作检查、巡查，及时发现安全隐患，落实隐患整改措施；

（四）管理、维护消防设施、灭火器材和消防安全标志；

（五）开展消防宣传，对教职人员和信教群众进行教育培训；

（六）编制灭火和应急疏散预案，组织演练；

（七）记录有关消防工作开展情况，建立防火档案；

（八）完成其他消防安全管理工作。

### 第三章　消防安全管理

**第十一条**　宗教活动场所应当将容易发生火灾、一旦发生火灾可能严重危及人身和财产安全以及对消防安全有重大影响的部位确定为消防安全重点部位，设置明显的防火标志，实行严格管理。

**第十二条**　宗教活动场所应当加强火源、电源和各种易燃易爆物品的使用管理。

**第十三条**　宗教活动场所内大型建筑和属于文物的建筑应按照《建筑防雷设计规范》设置防雷设施，并定期进行检测。按照国家文物局、应急管理部《关于进一步加强文物消防安全工作的指导意见》要求，文物建筑上不得直接安装灯具搞"亮化工程"，在文物建筑外安装灯具的要保持安全距离。

**第十四条**　宗教活动场所应注意做好燃气安全工作，定期检查维护燃气管道、燃气报警器、燃气灶具等各类燃气管线、设施、器具，确保其安全、完好，发现隐患要立即组织整改。重点文物保护建筑内禁止使用瓶装液化石油气和安装燃气管道。

**第十五条** 宗教活动场所应当建立燃香、燃烛以及燃放烟花爆竹等管理制度，倡导安全燃香和文明敬香，不得在殿堂内设置开放式燃香点。宗教活动场所内燃灯、点烛、烧香、焚纸等宗教活动用火，应当在室外固定位置，并由专人看管。神佛像前的长明灯应设置固定的灯座，并把灯放置在瓷缸或玻璃罩内。长明灯在夜间应有人巡查，香烛必须在人员离开前熄灭。燃香应符合《燃香类产品安全通用技术条件》要求，香体可燃部分长度不应大于500mm，且直径不应大于10mm。

**第十六条** 宗教活动场所内，禁止违规搭建临时建筑。禁止在殿堂内堆放易燃、可燃材料。

**第十七条** 宗教活动场所内新建、改建建筑物或维修施工的，施工现场应当符合消防安全要求，并依法办理建筑工程消防审核验收手续。场所管理组织应与施工单位共同制定消防安全措施，严格管理制度，明确责任，并符合下列要求：

（一）设有建筑自动消防设施的宗教活动场所，施工期间应当确保建筑消防设施完整好用，不得擅自停用、拆改；

（二）施工需要搭建的临时建筑，应当符合消防安全要求；

（三）施工中使用的油漆、稀料等易燃化学品，应当限额领料，禁止交叉作业，禁止在作业场所装配、调剂用料；

（四）施工中使用电气设备，应当符合有关技术规范和操作规则，电工、焊工等特种施工人员应当持证上岗；

（五）施工作业需要动用明火的应当履行动火消防安全管理审批手续，在指定地点和时间内进行，配置必要的消防器材，并有专人现场监护。

**第十八条** 宗教活动场所应参照《建筑灭火器配置设计规范》配置灭火器，灭火器配置的种类、型号、数量及位置应根据场所环境，合理选择，当危险等级提高时，适当增加灭火器材的配置数量。灭火器应设置在明显、易取、稳固的地方，并配有指示标志，不得设置在潮湿或强腐蚀性的地点，在室外的应采用保护措施。存有壁画、彩绘、泥塑、文字资料等历史珍品的，应选择无污损或不破坏保护对象的灭火剂。

**第十九条** 宗教活动场所内的老旧建筑应尽量设置室内、室外消火栓。消火栓的灭火流量、供水方式和设置位置应当符合国家规范，且便于灭火和有效管理。室内消火栓设置难度较大的，应适当增加室外消火栓。消防供水量不能满足消防用水的宗教活动场所，应修建消防水池，或在附近自然水源处开辟消防取水设施，配置手抬机动消防泵。

**第二十条** 宗教活动场所内一般不得使用卤钨灯等高温照明灯具和电炉、电热器具等大功率电加热电器，提倡使用节能灯。如需安装照明灯具和电气设备，应严格执行电器安装技术规程，且不得直接安装在可燃构件上或靠近可燃物。

**第二十一条** 宗教活动场所内的电气线路，一律采用铜芯绝缘导线，并采用阻燃PVC或金属穿管保护，不得直接敷设在梁、柱、枋等可燃构件上。

**第二十二条** 严禁乱拉乱接电线，配线方式一般应以一座殿堂为一个单独的分支回路，控制开关、熔断器、短路保护装置均应安装在专用的配电箱内，配电箱应设在室外，严禁使用铜丝、铁丝、铝丝等代替熔丝。省级以上文物保护单位的砖木或木结构的建筑，宜设置漏电火灾报警装置。

**第二十三条** 宗教活动场所内生活与宗教活动应分区设置。因条件所限，无法分开的，应采取防火分隔措施，伙房必须单独设立，炊煮用火的炉灶和烟囱应符合防火安全要求。宗教活动场所内禁止吸烟，并设有明显的警示标志。

**第二十四条** 宗教活动场所设置讲台的，讲台上的灯具距离幕布、布景和其他可燃物不得小于50cm。

**第二十五条** 宗教活动场所应根据自身特点设置消防安全提示性标志、警示性标志和禁止性标志或图示，配备相应的疏散逃生装备和器材。人员密集的殿堂，应有安全可靠的疏散通道，必要时设置应急照明和疏散指示标志灯具。举行大型宗教活动或参观游览人员较多时，在安全出口处配置工作人员，及时引导人员疏散。

第二十六条　地处森林、郊野的宗教活动场所应当清除建筑物周围30m范围内的杂草，防止山火危及。

第二十七条　宗教活动场所对发现的火灾隐患应当立即改正。不能立即改正的，应立即研究制订整改方案，确定整改措施、时限和责任人，并落实整改资金。整改期间应采取临时防范措施，确保消防安全。对随时可能引发火灾的隐患或重大火灾隐患，应当将危险部位停止使用。发现的火灾隐患及其整改情况应当进行记录，并及时报告场所消防安全管理人。

第二十八条　宗教活动场所应当建立并落实消防宣传教育制度，定期开展形式多样的消防安全宣传教育，明确培训人员，保障教育培训工作经费，按照下列规定对有关人员进行消防安全教育培训：

（一）对新上岗和进入新岗位的人员进行岗前消防安全培训；

（二）对在岗人员每半年至少进行一次消防安全教育培训。

第二十九条　宗教活动场所消防安全教育培训应当包括下列内容：

（一）消防法律、法规和有关规定；

（二）本场所消防安全职责、制度、操作规程；

（三）本场所、本岗位的火灾危险性和防火措施；

（四）有关消防设施、器材的操作使用方法；

（五）报警、扑救初起火灾、疏散逃生自救知识；

（六）灭火和应急疏散预案内容和处置火灾程序。

第三十条　下列人员应当接受消防安全专门培训：

（一）场所主要负责人和分管负责人；

（二）专（兼）职消防管理人员；

（三）消防控制室的值班、操作人员；

（四）志愿消防组织成员；

（五）其他依照规定应当接受消防安全专门培训的人员。

**第三十一条**　宗教活动场所应根据本场所的实际情况，制订统一的灭火和应急疏散预案。每年至少组织一次灭火和应急疏散演练，列入消防安全重点单位的每半年至少组织一次灭火和应急疏散演练，并根据演练情况及时修订完善预案内容。

### 第四章　考核奖惩

**第三十二条**　各级宗教事务部门应将消防安全工作纳入检查、考核、评比内容，实行半年及年终考评制度，对在消防安全工作中成绩突出的部门、场所和个人，给予表彰；对未履行消防安全职责或违反消防安全制度的行为，应依照规定对责任人员给予处理；造成火灾责任事故的，将依法追究责任。

**第三十三条**　宗教活动场所应当自觉接受各级宗教事务部门和消防救援部门的检查指导，科学制定并严格实施奖惩制度，将消防安全工作情况纳入场所年度考评内容。

### 第五章　附则

**第三十四条**　本规定由吉林省宗教事务局制定。

**第三十五条**　本规定自公布之日起实施。

附　录

# 附录一　文博建筑宗教活动场所检查步骤办法

## 行业部门消防安全检查步骤办法

| 序号 | 项目 | 检查内容 | 检查方式 |
|---|---|---|---|
| 1 | 建筑物、场所合法性检查 | 应当检查建设工程消防设计审核、消防验收意见书，或者消防设计、竣工验收消防备案凭证 | 查看档案 |
| 2 | 建筑物、场所使用情况 | 检查主要对照建设工程消防验收意见书、竣工验收消防备案凭证载明的使用性质，核对当前建筑物或者场所的使用情况是否相符 | 实地检查 |
| 3 | 消防安全责任落实情况 | 是否落实逐级消防安全责任制和岗位消防安全责任制，消防安全责任人、消防安全管理人以及各级、各岗位的消防安全责任人是否明确并落实责任。多产权、多使用权建筑是否明确消防安全责任 | 查看档案 |
| 4 | 消防安全制度检查 | 主要检查单位是否建立用火、用电、用油、用气安全管理制度，防火检查、巡查制度及火灾隐患整改制度，消防设施、器材维护管理制度，电气线路、燃气管路维护保养和检测制度，员工消防安全教育培训制度，灭火和应急疏散预案演练制度等 | 查看档案 |

| 序号 | 项目 | 检查内容 | 检查方式 |
|------|------|----------|----------|
| 5 | 消防档案检查 | 消防安全重点单位按要求建立健全消防档案，内容翔实，能全面反映单位消防基本情况和工作状况，并根据情况变化及时更新；其他单位将单位基本概况、消防部门填发的各种法律文书、与消防工作有关的材料和记录等统一保管备查 | 查看档案 |
| 6 | 防火检查、巡查情况检查 | 主要检查单位开展防火检查的记录，查看检查时间、内容和整改火灾隐患情况是否符合有关规定。对消防安全重点单位开展防火巡查情况的检查，主要检查每日防火巡查记录，查看巡查的人员、内容、部位、频次是否符合有关规定。公众聚集场所在营业期间是否每2小时开展一次防火巡查，医院、养老院、寄宿制学校、托儿所、幼儿园是否开展夜间巡查 | 查看档案 |
| 7 | 消防安全教育培训检查 | 要求自动消防系统操作人员对自动消防系统进行操作，查看操作是否熟练 | 实地检查 |
| | | 检查职工岗前消防安全培训和定期组织消防安全培训记录；随机抽问职工，检查职工是否掌握查改本岗位火灾隐患、扑救初起火灾、疏散逃生的知识和技能。对人员密集场所的职工，还应当抽查引导人员疏散的知识和技能 | 查看档案现场提问 |
| 8 | 灭火应急疏散预案检查 | 检查灭火和应急疏散预案是否有组织机构，火情报告及处置程序，人员疏散组织程序及措施，扑救初起火灾程序及措施，通信联络、安全防护救护程序及措施等内容，查看单位组织消防演练记录 | 查看档案 |
| | | 随机设定火情，要求单位组织灭火和应急疏散演练，检查预案组织实施情况。对属于人员密集场所的消防安全重点单位，检查承担灭火和组织疏散任务的人员确定情况及熟悉预案情况 | 实地检查 |

| 序号 | 项目 | 检查内容 | 检查方式 |
|------|------|----------|----------|
| 9 | 用火用电用气及装修材料管控 | 社会单位的电气焊工、电工、危险化学物品管理人员应当持证上岗 | 查看档案 |
| | | 营业时间严禁动火作业，动火作业前应办理动火审批手续 | 查看档案实地检查 |
| | | 电气线路敷设、电气设备安装维修应由具备相应职业资格人员进行操作 | 查看档案 |
| | | 建筑内电线应规范架接，安装短路保护开关和防漏电开关，没有乱拉乱接电线 | 实地检查 |
| | | 是否存在电动车违规充电停放行为 | 实地检查 |
| | | 每日营业结束时应当切断营业场所内的非必要电源 | 实地检查 |
| | | 每月应定期清洗厨房油烟管道 | 查看档案实地检查 |
| | | 内部装修施工不得擅自改变防火分隔、安全出口数量、宽度和消防设施，不得降低装修材料燃烧性能等级要求 | 实地检查 |
| | | 严禁采用泡沫夹芯板、可燃彩钢板加建、搭建 | 实地检查 |
| 10 | 微型消防站 | 微型消防站每班人员不应少于6人，并且每月应定期开展半天灭火救援训练，熟练掌握扑救初期火灾能力，随时做好应急出动准备，达到1分钟到场确认，3分钟到场扑救标准 | 查看档案实地检查 |
| 11 | 安全疏散 | 根据被检查单位建筑层数和面积，现场全数检查或抽查疏散通道、安全出口是否畅通 | 实地检查 |
| | | 抽查封闭楼梯、防烟楼梯及其前室的防火门常闭状态及自闭功能情况；平时需要控制人员随意出入的疏散门不用任何工具能否从内部开启，是否有明显标识和使用提示；常开防火门的启闭状态在消防控制室的显示情况；在不同楼层或防火分区至少抽查3处疏散指示标志、应急照明是否完好有效 | 实地检查 |

| 序号 | 项目 | 检查内容 | 检查方式 |
|------|------|----------|----------|
| 12 | 建筑防火和防火分隔 | 防火间距、消防车通道是否符合要求 | 实地检查 |
| | | 人员密集场所门窗上是否设置影响逃生和灭火救援的障碍物 | 实地检查 |
| | | 设置在建筑内厨房的门是否与公共部位有防火分隔,厨房的门窗是否设为乙级防火门窗 | 实地检查 |
| | | 防火卷帘下方是否有障碍物。自动、手动启动防火卷帘,卷帘能否下落至地板面,反馈信号是否正确 | 实地检查 |
| | | 是否按规定安装防火门,防火门有无损坏,闭门器是否完好 | 实地检查 |
| 13 | 消防控制室 | 消防控制室值班人员应实行24小时不间断值班制度,每班不应小于2人,且应持有相应的消防职业资格证书,并应当熟练掌握建筑基本情况、消防设施设置情况、消防设施设备操作规程和火灾、故障应急处置程序和要求,如实填写消防控制室值班记录表 | 查看档案实地检查 |
| | | 在消防控制室检查自动消防设施运行情况,主要测试火灾自动报警系统、自动灭火系统、消火栓系统、防排烟系统、防火卷帘和联动控制设备的运行情况,测试消防电话通话情况。在消防水泵房启、停消防水泵,测试运行情况 | 实地检查 |
| 14 | 消防设施、器材 | 社会单位应委托具备相应从业条件的消防技术服务机构每月对建筑消防设施进行一次维护保养。每年对建筑消防设施进行一次全面检测 | 查看档案 |
| | | 检查火灾自动报警系统:选择不同楼层或者防火分区进行抽查。对抽查到的楼层或者防火分区,至少抽查3个探测器进行火灾报警、故障报警、火灾优先功能试验,至少抽查一处手动报警器进行动作试验,核查消防控制室控制设备对报警、故障信号的显示情况,联动控制设施动作显示情况;至少抽查一处消防电话插孔,测试通话情况 | 实地检查 |

| 序号 | 项目 | 检查内容 | 检查方式 |
|------|------|----------|----------|
| 14 | 消防设施、器材 | 检查自动喷水灭火系统：检查每个湿式报警阀，查看报警阀主件是否完整，前后阀门的开启状态，进行放水测试，核查压力开关和水力警铃报警情况；在每个湿式报警阀控制范围的最不利点进行末端试水，检查水压和流量情况，核查消防控制室的信号显示和消防水泵的联动启动情况 | 实地检查 |
| | | 检查气体灭火系统：检查气瓶间的气瓶重量、压力显示以及开关装置开启情况 | 实地检查 |
| | | 检查泡沫灭火系统：检查泡沫泵房，启动水泵；检查泡沫液种类、数量及有效期；检查泡沫产生设施工作运行状态 | 实地检查 |
| | | 检查防排烟系统：用自动和手动方式启动风机，抽查送风口、排烟口开启情况，核查消防控制室的信号显示情况 | 实地检查 |
| | | 检查防火卷帘：至少抽查一个楼层或者一个防火分区的卷帘门，对自动和手动方式进行启动、停止测试，核查消防控制室的信号显示情况 | 实地检查 |
| | | 检查室内消火栓：在每个分区的最不利点抽查一处室内消火栓进行放水试验，检查水压和流量情况，按启泵按钮，核查消防控制室启泵信号显示情况 | 实地检查 |
| | | 检查室外消火栓：至少抽查一处室外消火栓进行放水试验，检查水压和水量情况 | 实地检查 |
| | | 检查水泵接合器：查看标识的供水系统类型及供水范围等情况 | 实地检查 |
| | | 检查消防水池：查看消防水池、消防水箱储水情况，消防水箱出水管阀门开启状态 | 实地检查 |
| | | 灭火器：至少抽查3个点配备的灭火器，检查灭火器的选型、压力情况 | 实地检查 |
| | | 消防设施、器材应当设置醒目的标识，并用文字或图例标明操作使用方法；主要消防设施设备上应当张贴记载维护保养、检测情况的卡片或记录 | 实地检查 |

| 序号 | 项目 | 检查内容 | 检查方式 |
|---|---|---|---|
| 15 | 消防安全重点部位 | 是否将容易发生火灾、一旦发生火灾可能严重危及人身和财产安全以及对消防安全有重大影响的部位确定为消防安全重点部位,设置明显的防火标志,实行严格管理 | 实地检查 |
| | | 是否明确消防安全管理的责任部门和责任人,配备必要的灭火器材、装备和个人防护器材,制定和完善事故应急处置操作程序 | 查看档案实地检查 |
| | | 核查人员在岗在位情况 | 实地检查 |

# 社会单位自检自查步骤办法

| 序号 | 项目 | 检查内容 | 自改措施 | 检查方式 |
|---|---|---|---|---|
| 1 | 消防安全责任落实情况 | 是否落实逐级消防安全责任制和岗位消防安全责任制 | 按要求整改 | 查看档案现场提问 |
| | | 消防安全责任人、消防安全管理人以及各级、各岗位的消防安全责任人是否明确并落实责任 | 将消防安全工作职责落实到每个岗位 | 查看档案现场提问 |
| 2 | 消防安全管理制度规程 | 社会单位应按照国家有关规定,结合本单位的特点,建立健全各项消防安全制度和保障消防安全的操作规程,并公布执行。单位的消防安全制度主要包括以下内容:<br>1. 消防安全教育、培训制度<br>2. 防火巡查、检查制度<br>3. 安全疏散设施管理制度<br>4. 消防(控制室)值班制度<br>5. 消防设施、器材维护管理制度<br>6. 火灾隐患整改制度<br>7. 用火用电安全管理制度<br>8. 易燃易爆危险物品和场所防火爆制度<br>9. 专职、义务消防队和微型消防站的组织管理制度<br>10. 灭火和应急疏散预案演练制度<br>11. 燃气和电器设备的检查和管理制度<br>12. 消防安全工作考评和奖惩制度<br>13. 其他必要的消防安全内容 | 按要求制定各项消防安全管理制度 | 查看档案 |

| 序号 | 项目 | 检查内容 | 自改措施 | 检查方式 |
|------|------|---------|---------|---------|
| 3 | 消防档案工作 | 消防安全重点单位按要求建立健全消防档案，内容翔实，能全面反映单位消防基本情况和工作状况，并根据情况变化及时更新；其他单位将单位基本概况、消防部门填发的各种法律文书、与消防工作有关的材料和记录等统一保管备查 | 按要求整改 | 查看档案 |
| 4 | 防火巡查检查 | 社会单位应按本行业系统消防安全标准化管理要求，每天开展防火巡查，并强化夜间巡查；每月应至少组织一次防火检查，并应正确填写巡查和检查记录表 | 严格按照规定要求开展巡查检查工作；正确填写巡查和检查记录 | 查看档案 |
| | | 对发现的火灾隐患进行登记并跟踪落实整改到位，确保疏散通道、安全出口、消防车道保持畅通 | 立即清理疏散通道、安全出口、消防车道障碍物 | 查看档案 |
| 5 | 消防安全培训和应急疏散演练 | 所有从业员工应当进行上岗前消防培训。消防安全重点单位对每名员工应当至少每年进行一次消防安全培训，公众聚集场所对员工的消防安全培训应当至少每半年一次，其他单位也应当定期组织开展消防安全培训 | 组织新员工上岗前消防培训；组织全体职员开展消防培训 | 查看档案 |
| | | 消防安全重点单位应当按照灭火和应急疏散预案，至少每半年进行一次演练，并结合实际，不断完善预案。其他单位应当结合本单位实际，参照制订相应的应急方案，至少每年组织一次演练 | 组织全体职员开展消防演练 | 查看档案 |
| 6 | 消防安全重点部位 | 社会单位内的仓储库房、厨房、配电房、锅炉房、柴油发电机房、制冷机房、空调机房、冷库、电动车集中停放及充电场所等火灾危险性大的部位应确定为重点部位，并落实严格的管控防范措施 | 按要求确定重点部位，制定重点部位消防安全管理措施 | 查看档案实地检查 |

| 序号 | 项目 | 检查内容 | 自改措施 | 检查方式 |
|---|---|---|---|---|
| 7 | 用火用电用气及装修材料管控 | 社会单位的电气焊工、电工、易燃易爆危险物品管理员应当持证上岗 | 相关人员取得上岗证 | 查看档案 |
| | | 营业时间严禁动火作业，动火作业前应办理动火审批手续 | 立即禁止动火作业，按程序办理动火手续 | 查看档案实地检查 |
| | | 电气线路敷设、电气设备安装维修应由具备相应职业资格人员进行操作 | 相关人员取得上岗证 | 查看档案 |
| | | 建筑内电线应规范架接，安装短路保护开关和防漏电开关，没有乱拉乱接电线 | 按要求整改 | 实地检查 |
| | | 是否存在电动车违规充电停放行为 | 立即清理 | 实地检查 |
| 8 | 消防控制室 | 每日营业结束时应当切断营业场所内的非必要电源 | 立即切断营业场所内的非必要电源 | 实地检查 |
| | | 每月应定期清洗厨房油烟管道 | 清洗厨房油烟管道 | 查看档案实地检查 |
| | | 内部装修施工不得擅自改变防火分隔、安全出口数量、宽度和消防设施，不得降低装修材料燃烧性能等级要求 | 立即停止装修施工，整改安全隐患 | 实地检查 |
| | | 严禁采用泡沫夹芯板、可燃彩钢板加建、搭建 | 一律拆除 | 实地检查 |
| | | 消防控制室值班人员应实行24小时不间断值班制度，每班不应少2人，且应持有相应的消防职业资格证书，并应当熟练掌握建筑基本情况、消防设施设置情况、消防设施设备操作规程和火灾、故障应急处置程序和要求，如实填写消防控制室值班记录表 | 组织值班人员培训考证 | 查看档案实地检查 |

| 序号 | 项目 | 检查内容 | 自改措施 | 检查方式 |
|---|---|---|---|---|
| 9 | 微型消防站 | 微型消防站每班人员不应少于6人，并且每月应定期开展半天灭火救援训练，熟练掌握扑救初期火灾能力，随时做好应急出动准备，达到1分钟到场确认，3分钟到场扑救标准 | 配齐微型消防站队员和装备，开展应急处置训练 | 查看档案实地检查 |
| 10 | 安全疏散 | 安全出口锁闭、堵塞或者数量不足的（安全出口不少于2个）、疏散通道堵塞 | 安全出口锁闭立即开锁；恢复、增加安全出口 | 实地检查 |
| | | 外窗、阳台是否设置防盗铁栅栏 | 开设紧急逃生口 | 实地检查 |
| 11 | 建筑防火 | 防火间距、消防车通道是否符合要求 | 按要求整改 | 实地检查 |
| | | 人员密集场所门窗上是否设置影响逃生和灭火救援的障碍物 | 按要求整改 | 实地检查 |
| 12 | 防火分隔 | 设置在建筑内厨房的门是否与公共部位有防火分隔，厨房的门窗是否设为乙级防火门窗 | 厨房的门窗改为乙级防火门、窗 | 实地检查 |
| | | 防火卷帘下方是否有障碍物。自动、手动启动防火卷帘能否下落至地板面，反馈信号是否正确 | 按要求整改 | 实地检查 |
| | | 是否按规定安装防火门，防火门有无损坏，闭门器是否完好 | 按要求整改 | 实地检查 |
| 13 | 消防设施器材 | 是否委托具备相应从业条件的消防技术服务机构每月对建筑消防设施进行一次维护保养。每年对建筑消防设施进行一次全面检测 | 签订维保合同，落实每月消防设施维保和年度检测工作 | 查看台账 |
| | | 是否按要求设置灭火器、室内外消火栓、疏散指示标志和应急照明等消防设施 | 购买灭火器、疏散指示标志和应急照明等消防设施；安装室内外消火栓 | 实地检查 |

| 序号 | 项目 | 检查内容 | 自改措施 | 检查方式 |
|------|------|----------|----------|----------|
| 13 | 消防设施器材 | 是否按要求设置自动喷水灭火系统、火灾自动报警系统、应急广播等 | 安装自动喷水灭火系统、火灾自动报警系统、应急广播等 | 实地检查 |
| | | 室内消火栓、喷淋的消防水泵电源控制柜开关是否设在自动状态，消防水池、高位水箱的水量是否符合要求，室内消火栓、喷淋的消防水泵手动测试启动时是否能启动 | 按要求整改 | 实地检查 |
| | | 灭火器的插销、喷管、压把等部件是否正常、使用年限是否过期、压力指针是否在绿色范围 | 维修或重新购买 | 实地检查 |
| | | 疏散指示标志、应急照明灯在测试或断电时是否能在一定时间内保持亮度 | 维修或重新购买 | 实地检查 |
| | | 消防控制室、消防水泵房是否设置应急照明灯和消防电话 | 安装应急照明灯和消防电话 | 实地检查 |
| | | 火灾自动报警主机是否设置为自动状态、报警主机是否有故障、报警主机远程启动消防泵、报警探测器上指示灯是否能定时闪烁 | 按要求整改 | 实地检查 |

# 附录二　人员密集场所消防安全管理

## 1　范围

本文件提出了人员密集场所的消防安全管理要求和措施，包括总则、消防安全责任、消防组织、消防安全制度和管理、消防安全措施、灭火和应急疏散预案编制和演练、火灾事故处置与善后。

本文件适用于具有一定规模的人员密集场所及其所在建筑的消防安全管理。

## 2　规范性引用文件

下列文件中的内容通过文中的规范性引用而构成本文件必不可少的条款。其中，注日期的引用文件，仅该日期对应的版本适用于本文件；不注日期的引用文件，其最新版本（包括所有的修改单）适用于本文件。

GB/T 5907　（所有部分）消防词汇

GB 25201　建筑消防设施的维护管理

GB 25506　消防控制室通用技术要求

GB 35181　重大火灾隐患判定方法

GB/T 38315　社会单位灭火和应急疏散预案编制及实施导则

GB 50016　建筑设计防火规范

GB 50084　自动喷水灭火系统设计规范

GB 50116　火灾自动报警系统设计规范

GB 50140　建筑灭火器配置设计规范

GB 50222　建筑内部装修设计防火规范

GB 51251　　　建筑防烟排烟系统技术标准

GB 51309　　　消防应急照明和疏散指示系统技术标准

XF 703　　　　住宿与生产储存经营合用场所消防安全技术要求

XF/T 1245　　 多产权建筑消防安全管理

JGJ 48　　　　商店建筑设计规范

## 3　术语和定义

GB/T 5907、GB 25201、GB 25506、GB 35181、GB/T 38315、GB 50016、GB 50084、GB 50116、GB 50140、GB 50222、GB 51251、GB 51309、XF 703、XF/T 1245、JGJ 48界定的以及下列术语和定义适用于本文件。

### 3.1　公共娱乐场所 public entertainment occupancy

具有文化娱乐、健身休闲功能并向公众开放的室内场所，包括影剧院、录像厅、礼堂等演出、放映场所，舞厅、卡拉OK厅等歌舞娱乐场所，具有娱乐功能的夜总会、音乐茶座、酒吧和餐饮场所，游艺、游乐场所和保龄球馆、旱冰场、桑拿等娱乐、健身、休闲场所和互联网上网服务营业场所。

### 3.2　公众聚集场所 public assembly occupancy

面对公众开放，具有商业经营性质的室内场所，包括宾馆、饭店、商场、集贸市场、客运车站候车室、客运码头候船厅、民用机场航站楼、体育场馆、会堂以及公共娱乐场所等。

### 3.3　人员密集场所 assembly occupancy

人员聚集的室内场所，包括公众聚集场所，医院的门诊楼、病房楼，学校的教学楼、图书馆、食堂和集体宿舍，养老院，福利院，托儿所，幼儿园，公共图书馆的阅览室，公共展览馆、博物馆的展示厅，劳动密集型企业的生产加工车间和员工集体宿舍，旅游、宗教活动场所等。

### 3.4　消防车登高操作场地 operating area for fire fighting

靠近建筑，供消防车停泊、实施灭火救援操作的场地。

### 3.5　专职消防队 full-time fire brigade

由专职人员组成，有固定的消防站用房，配备消防车辆、装备、通信器材，定期组织消防训练，24小时备勤的消防组织。

### 3.6  志愿消防队 volunteer fire brigade

由志愿人员组成，平时有自己的主要职业、不在消防站备勤，但配备消防装备、通信器材，定期组织消防训练，能够在接到火警出动信息后迅速集结、参加灭火救援的消防组织。

### 3.7  火灾隐患 fire potential

可能导致火灾发生或火灾危害增大的各类潜在不安全因素。

### 3.8  重大火灾隐患 major fire potential

违反消防法律法规、不符合消防技术标准，可能导致火灾发生或火灾危害增大，并由此可能造成重大、特别重大火灾事故或严重社会影响的各类潜在不安全因素。

### 4  总则

4.1  人员密集场所的消防安全管理应以防止火灾发生，减少火灾危害，保障人身和财产安全为目标，通过采取有效的管理措施和先进的技术手段，提高预防和控制火灾的能力。

4.2  人员密集场所的消防安全管理应遵守消防法律、法规、规章（以下统称"消防法律法规"），贯彻"预防为主、防消结合"的消防工作方针，履行消防安全职责，保障消防安全。

4.3  人员密集场所应结合本场所的特点建立完善的消防安全管理体系和机制，自行开展或委托消防技术服务机构定期开展消防设施维护保养检测、消防安全评估，并宜采用先进的消防技术、产品和方法，保证建筑具备消防安全条件。

4.4  人员密集场所应逐级落实消防安全责任制，明确各级、各岗位消防安全职责，确定相应的消防安全责任人员。

4.5  实行承包、租赁或者委托经营、管理时，人员密集场所的产权方应提供符合消防安全要求的建筑物、场所；当事人在订立相关租赁或承包合同时，应依照有关规定明确各方的消防安全责任。

4.6　消防车通道（市政道路除外）、消防车登高操作场地、涉及公共消防安全的疏散设施和其他建筑消防设施，应由人员密集场所产权方或者委托统一管理单位管理。承包、承租或者受委托经营、管理者，应在其使用、管理范围内履行消防安全职责。

4.7　对于有两个或两个以上产权者和使用者的人员密集场所，除依法履行自身消防管理职责外，对消防车通道、涉及公共消防安全的疏散设施和其他建筑消防设施应明确统一管理的责任者，并应符合XF/T 1245的规定。

## 5　消防安全责任

### 5.1　通用要求

5.1.1　人员密集场所应加强消防安全主体责任的落实，全面实行消防安全责任制。

5.1.2　人员密集场所的消防安全责任人，应由该场所法人单位的法定代表人、主要负责人或者实际控制人担任。消防安全重点单位应确定消防安全管理人，其他单位消防安全责任人可以根据需要确定本场所的消防安全管理人，消防安全管理人宜具备注册消防工程师执业资格。承包、租赁场所的承租人是其承包、租赁范围的消防安全责任人。人员密集场所单位内部各部门的负责人是该部门的消防安全负责人。

5.1.3　消防安全责任人、消防安全管理人应经过消防安全培训。进行电焊、气焊等具有火灾危险作业的人员和自动消防设施的值班操作人员，应经过消防职业培训，掌握消防基本知识、防火、灭火基本技能、自动消防设施的基本维护与操作知识，遵守操作规程，持证上岗。

5.1.4　保安人员、专职消防队队员、志愿消防队（微型消防站）队员应掌握消防安全知识和灭火的基本技能，定期开展消防训练，火灾时应履行扑救初起火灾和引导人员疏散的义务。

### 5.2　产权方、使用方、统一管理单位的职责

5.2.1　制定消防安全管理制度和保障消防安全的操作规程。

5.2.2　开展消防法律法规和防火安全知识的宣传教育，对从业人员进

行消防安全教育和培训。

5.2.3 定期开展防火巡查、检查，及时消除火灾隐患。

5.2.4 保障疏散走道、通道、安全出口、疏散门和消防车通道的畅通，不被占用、堵塞、封闭。

5.2.5 确定各类消防设施的操作维护人员，保证消防设施、器材以及消防安全标志完好有效，并处于正常运行状态。

5.2.6 组织扑救初起火灾，疏散人员，维持火场秩序，保护火灾现场，协助火灾调查。

5.2.7 制订灭火和应急疏散预案，定期组织消防演练。

5.2.8 建立并妥善保管消防档案。

### 5.3 消防安全责任人的职责

5.3.1 贯彻执行消防法律法规，保证人员密集场所符合国家消防技术标准，掌握本场所的消防安全情况，全面负责本场所的消防安全工作。

5.3.2 统筹安排本场所的消防安全管理工作，批准实施年度消防工作计划。

5.3.3 为本场所消防安全管理工作提供必要的经费和组织保障。

5.3.4 确定逐级消防安全责任，批准实施消防安全管理制度和保障消防安全的操作规程。

5.3.5 组织召开消防安全例会，组织开展防火检查，督促整改火灾隐患，及时处理涉及消防安全的重大问题。

5.3.6 根据有关消防法律法规的规定建立的专职消防队、志愿消防队（微型消防站），并配备相应的消防器材和装备。

5.3.7 针对本场所的实际情况，组织制订灭火和应急疏散预案，并实施演练。

### 5.4 消防安全管理人的职责

5.4.1 拟订年度消防安全工作计划，组织实施日常消防安全管理工作。

5.4.2 组织制定消防安全管理制度和保障消防安全的操作规程，并检查督促落实。

5.4.3　拟订消防安全工作的经费预算和组织保障方案。

5.4.4　组织实施防火检查和火灾隐患整改。

5.4.5　组织实施对本场所消防设施、灭火器材和消防安全标志的维护保养，确保其完好有效和处于正常运行状态，确保疏散通道、走道和安全出口、消防车通道畅通。

5.4.6　组织管理专职消防队或志愿消防队（微型消防站），开展日常业务训练，组织初起火灾扑救和人员疏散。

5.4.7　组织从业人员开展岗前和日常消防知识、技能的教育和培训，组织灭火和应急疏散预案的实施和演练。

5.4.8　定期向消防安全责任人报告消防安全情况，及时报告涉及消防安全的重大问题。

5.4.9　管理人员密集场所委托的物业服务企业和消防技术服务机构。

5.4.10　消防安全责任人委托的其他消防安全管理工作。

**5.5　部门消防安全负责人的职责**

5.5.1　组织实施本部门的消防安全管理工作计划。

5.5.2　根据本部门的实际情况开展岗位消防安全教育与培训，制定消防安全管理制度，落实消防安全措施。

5.5.3　按照规定实施消防安全巡查和定期检查，确保管辖范围的消防设施完好有效。

5.5.4　及时发现和消除火灾隐患，不能消除的，应采取相应措施并向消防安全管理人报告。

5.5.5　发现火灾，及时报警，并组织人员疏散和初起火灾扑救。

**5.6　消防控制室值班员的职责**

5.6.1　应持证上岗，熟悉和掌握消防控制室设备的功能及操作规程，按照规定和规程测试自动消防设施的功能，保证消防控制室的设备正常运行。

5.6.2　对火警信号，应按照7.6.16规定的消防控制室接警处警程序处置。

5.6.3 对故障报警信号应及时确认，并及时查明原因，排除故障；不能排除的，应立即向部门主管人员或消防安全管理人报告。

5.6.4 应严格执行每日24小时专人值班制度，每班不应少于2人，做好消防控制室的火警、故障记录和值班记录。

### 5.7 消防设施操作员的职责

5.7.1 熟悉和掌握消防设施的功能和操作规程。

5.7.2 按照制度和规程对消防设施进行检查、维护和保养，保证消防设施和消防电源处于正常运行状态，确保有关阀门处于正确状态。

5.7.3 发现故障，应及时排除；不能排除的，应及时向上级主管人员报告。

5.7.4 做好消防设施运行、操作、故障和维护保养记录。

### 5.8 保安人员的职责

5.8.1 按照消防安全管理制度进行防火巡查，并做好记录；发现问题，应及时向主管人员报告。

5.8.2 发现火情，应及时报火警并报告主管人员，实施灭火和应急疏散预案，协助灭火救援。

5.8.3 劝阻和制止违反消防法律法规和消防安全管理制度的行为。

### 5.9 电气焊工、易燃易爆危险品管理及操作人员的职责

5.9.1 执行有关消防安全制度和操作规程，履行作业前审批手续。

5.9.2 落实相应作业现场的消防安全防护措施。

5.9.3 发生火灾后，应立即报火警，实施扑救。

### 5.10 专职消防队、志愿消防队队员的职责

5.10.1 熟悉单位基本情况、灭火和应急疏散预案、消防安全重点部位及消防设施、器材设置情况。

5.10.2 参加消防业务培训及消防演练，掌握消防设施及器材的操作使用方法。

5.10.3 专职消防队定期开展灭火救援技能训练，能够24小时备勤。

5.10.4 志愿消防队能在接到火警出动信息后迅速集结、参加灭火救援。

## 5.11 员工的职责

5.11.1 主动接受消防安全宣传教育培训，遵守消防安全管理制度和操作规程。

5.11.2 熟悉本工作场所消防设施、器材及安全出口的位置，参加单位灭火和应急疏散预案演练。

5.11.3 清楚本单位火灾危险性，会报火警、会扑救初起火灾、会组织疏散逃生和自救。

5.11.4 每日到岗后及下班前应检查本岗位工作设施、设备、场地、电源插座、电气设备的使用状态等，发现隐患及时处置并向消防安全工作归口管理部门报告。

5.11.5 监督其他人员遵守消防安全管理制度，制止吸烟、使用大功率电器等不利于消防安全的行为。

## 6 消防组织

6.1 人员密集场所可根据需要设置消防安全主管部门负责管理本场所的日常消防安全工作。

6.2 人员密集场所应根据有关法律法规和实际需要建立专职消防队。

6.3 人员密集场所应根据需要建立志愿消防队，志愿消防队员的数量不应少于本场所从业人员数量的30%。志愿消防队白天和夜间的值班人数应能保证扑救初起火灾的需要。

6.4 属于消防安全重点单位的人员密集场所，应依托志愿消防队建立微型消防站。

## 7 消防安全制度和管理

### 7.1 通用要求

7.1.1 公众聚集场所投入使用、营业前，应依法向消防救援机构申请消防安全检查，并经消防救援机构许可同意。人员密集场所改建、扩建、装修或改变用途的，应依法报经相关部门审核批准。

7.1.2 建筑四周不应搭建违章建筑，不应占用防火间距、消防车道、消防车登高操作场地，不应遮挡室外消火栓或消防水泵接合器，不应设置影响逃生、灭火救援或遮挡排烟窗、消防救援口的架空管线、广告牌等障碍物。

7.1.3 人员密集场所不应擅自改变防火分区，不应擅自停用、改变防火分隔设施和消防设施，不应降低建筑装修材料的燃烧性能等级。建筑的内部装修不应改变疏散门的开启方向，减少安全出口、疏散出口的数量和宽度，增加疏散距离，影响安全疏散。建筑内部装修不应影响消防设施的正常使用。

7.1.4 人员密集场所应在公共部位的明显位置设置疏散示意图、警示标识等，提示公众对该场所存在的下列违法行为有投诉、举报的义务：

a）使用、营业期间锁闭疏散门；

b）封堵、占用疏散通道或消防车道；

c）使用、营业期间违规进行电焊、气焊等动火作业；

d）疏散指示标志损坏、不准确或不清楚；

e）停用消防设施、消防设施未保持完好有效；

f）违规储存使用易燃易爆危险品。

## 7.2 消防安全例会

7.2.1 人员密集场所应建立消防安全例会制度，处理涉及消防安全的重大问题，研究、部署、落实本场所的消防安全工作计划和措施。

7.2.2 消防安全例会应由消防安全责任人主持，消防安全管理人提出议程，有关人员参加，并应形成会议纪要或决议，每月不宜少于一次。

## 7.3 防火巡查、检查

7.3.1 人员密集场所应建立防火巡查、防火检查制度，确定巡查、检查的人员、内容、部位和频次。

7.3.2 防火巡查、检查中，应及时纠正违法、违常行为，消除火灾隐患；无法消除的，应立即报告，并记录存档。防火巡查、检查时，应填写巡查、检查记录，巡查和检查人员及其主管人员应在记录上签名。巡查记录表应包括部位、时间、人员和存在的问题，参见附录A。检查记录表应包括部位、时间、人员、巡查情况、火灾隐患整改情况和存在的问题，参见附录B。

7.3.3 防火巡查时发现火灾，应立即报火警并启动单位灭火和应急疏散预案。

7.3.4 人员密集场所应每日进行防火巡查，并结合实际组织开展夜间防火巡查。防火巡查宜采用电子巡更设备。

7.3.5 公众聚集场所在营业期间，应至少每2h巡查一次。宾馆、医院、养老院及寄宿制的学校、托儿所和幼儿园，应组织每日夜间防火巡查，且应至少每2h巡查一次。商场、公共娱乐场所营业结束后，应切断非必要用电设备电源，检查并消除遗留火种。

7.3.6 防火巡查应包括下列内容：

a）用火、用电有无违章情况；

b）安全出口、疏散通道是否畅通，有无锁闭；安全疏散指示标志、应急照明是否完好；

c）常闭式防火门是否保持常闭状态，防火卷帘下是否有影响防火卷帘正常使用的物品；

d）消防设施、器材是否在位、完好有效。消防安全标志是否标识正确、清楚；

e）消防安全重点部位的人员在岗情况；

f）消防车道是否畅通；

g）其他消防安全情况。

7.3.7 人员密集场所应至少每月开展一次防火检查，检查的内容应包括：

a）消防车道、消防车登高操作场地、室外消火栓、消防水源情况；

b）安全疏散通道、楼梯，安全出口及其疏散指示标志、应急照明情况；

c）消防安全标志的设置情况；

d）灭火器材配置及完好情况；

e）楼板、防火墙、防火隔墙和竖井孔洞的封堵情况；

f）建筑消防设施运行情况；

g）消防控制室值班情况、消防控制设备运行情况和记录情况；

h）微型消防站人员值班值守情况，器材、装备设备完备情况；

i）用火、用电、用油、用气有无违规、违章情况；

j）消防安全重点部位的管理情况；

k）防火巡查落实情况和记录情况；

l）火灾隐患的整改以及防范措施的落实情况；

m）消防安全重点部位人员以及其他员工消防知识的掌握情况。

## 7.4 消防宣传与培训

7.4.1 人员密集场所应通过多种形式开展经常性的消防安全宣传与培训。

7.4.2 对公众开放的人员密集场所，应通过张贴图画、发放消防刊物、播放视频、举办消防文化活动等多种形式对公众宣传防火、灭火、应急逃生等常识。

7.4.3 学校、幼儿园等教育机构应将消防知识纳入教育、教学、培训的内容，落实教材、课时、师资、场地等，组织开展多种形式的消防教育活动。

7.4.4 人员密集场所应至少每半年组织一次对每名员工的消防培训，对新上岗人员应进行上岗前的消防培训。

7.4.5 消防培训应包括下列内容：

a）有关消防法律法规、消防安全管理制度、保障消防安全的操作规程等；

b）本单位、本岗位的火灾危险性和防火措施；

c）建筑消防设施、灭火器材的性能、使用方法和操作规程；

d）报火警、扑救初起火灾、应急疏散和自救逃生的知识、技能；

e）本场所的安全疏散路线，引导人员疏散的程序和方法等；

f）灭火和应急疏散预案的内容、操作程序；

g）其他消防安全宣传教育内容。

## 7.5 安全疏散设施管理

7.5.1 人员密集场所应建立安全疏散设施管理制度，明确安全疏散设施管理的责任部门、责任人和安全疏散设施的检查内容、要求。

> 注：安全疏散设施包括疏散门、疏散走道、疏散楼梯、消防应急照明、疏
> 散指示标志等设施，以及消防过滤式自救呼吸器、逃生缓降器等安全
> 疏散辅助器材。

7.5.2 安全疏散设施管理应符合下列要求：

a）确保疏散通道、安全出口和疏散门的畅通，禁止占用、堵塞、封闭疏散通道和楼梯间；

b）人员密集场所在使用和营业期间，不应锁闭疏散出口、安全出口的门，或采取火灾时不需使用钥匙等任何工具即能从内部易于打开的措施，并应在明显位置设置含有使用提示的标识；

c）避难层（间）、避难走道不应挪作他用，封闭楼梯间、防烟楼梯间及其前室的门应保持完好，门上明显位置应设置提示正确启闭状态的标识；

d）应保持常闭式防火门处于关闭状态，常开防火门应能在火灾时自行关闭，并应具有信号反馈的功能；

e）安全出口、疏散门不得设置门槛或其他影响疏散的障碍物，且在其1.4m范围内不应设置台阶；

f）疏散应急照明、疏散指示标志应完好、有效；发生损坏时，应及时维修、更换；

g）消防安全标志应完好、清晰，不应被遮挡；

h）安全出口、公共疏散走道上不应安装栅栏；

i）建筑每层外墙的窗口、阳台等部位不应设置影响逃生和灭火救援的栅栏，确需设置时，应能从内部易于开启；

j）在宾馆、商场、医院、公共娱乐场所等场所各楼层的明显位置应设置安全疏散指示图，疏散指示图上应标明疏散路线、安全出口和疏散门、人员所在位置和必要的文字说明；

k）在宾馆、商场、医院、公共娱乐场所等场所各楼层的明显位置应设置疏散引导箱，配备过滤式消防自救呼吸器、瓶装水、毛巾、救援哨、发

光指挥棒、疏散用手电筒等安全疏散辅助器材。

7.5.3 举办展览、展销、演出等大型群众性活动前，应事先根据场所的疏散能力核定容纳人数。活动期间，应采取防止超员的措施控制人数。

## 7.6 消防设施管理

7.6.1 人员密集场所应建立消防设施管理制度，其内容应明确消防设施管理的责任部门和责任人、消防设施的检查内容和要求、消防设施定期维护保养的要求。

> 注：消防设施包括室内外消火栓、自动灭火系统、火灾自动报警系统和防排烟系统等设施。

7.6.2 人员密集场所应使用合格的消防产品，建立消防设施、器材的档案资料，记明配置类型、数量、设置部位、检查及维修单位（人员）、更换药剂时间等有关情况。

7.6.3 建筑消防设施投入使用后，应保证其处于正常运行或准工作状态，不得擅自断电停运或长期带故障运行。需要维修时，应采取相应的防范措施；维修完成后，应立即恢复到正常运行状态。

7.6.4 人员密集场所应定期对建筑消防设施、器材进行巡查、单项检查、联动检查，做好维护保养。

7.6.5 属于消防安全重点单位的人员密集场所，每日应进行一次建筑消防设施、器材巡查；其他单位，每周应至少进行一次。建筑消防设施巡查，应明确各类建筑消防设施、器材的巡查部位和内容。

7.6.6 建筑消防设施的电源开关、管道阀门，均应指示正常运行位置，并正确标识开/关的状态；对需要保持常开或常闭状态的阀门，应采取铅封、标识等限位措施。

7.6.7 设置建筑消防设施的人员密集场所，每年应至少进行一次建筑消防设施联动检查，每月应至少进行一次建筑消防设施单项检查。

7.6.8 人员密集场所应建立建筑消防设施、器材故障报告和故障消除的登记制度。发生故障后，应及时组织修复。因故障、维修等原因，需要暂时停用系统的，应当严格履行内部审批程序，采取确保安全的有效措施，并在建筑入口等明显位置公告。

7.6.9 消防设施的维护、管理还应符合下列要求。

a）消火栓应有明显标识。

b）室内消火栓箱不应上锁，箱内设备应齐全、完好，其正面至疏散通道处，不得设置影响消火栓正常使用的障碍物。

c）室外消火栓不应埋压、圈占；距室外消火栓、水泵接合器2.0m范围内不得设置影响其正常使用的障碍物。

d）展品、商品、货柜，广告箱牌，生产设备等的设置不得影响防火门、防火卷帘、室内消火栓、灭火剂喷头、机械排烟口和送风口、自然排烟窗、火灾探测器、手动火灾报警按钮、声光报警装置等消防设施的正常使用。

e）确保消防设施和消防电源始终处于正常运行状态；确保消防水池、气压水罐或高位消防水箱等消防储水设施水量符合规定要求；确保消防水泵出水管阀门、自动喷水灭火系统管道上的阀门常开；确保消防水泵、防排烟风机、防火卷帘等消防用电设备的配电柜、控制柜开关处于接通和自动位置。需要维修时，应采取相应的措施，维修完成后，应立即恢复到正常运行状态。

f）对自动消防设施应每年进行全面检查测试，并出具检测报告。当事人在订立相关委托合同时，应依照有关规定明确各方关于消防设施维护和检查的责任。

7.6.10 消防控制室管理应明确值班人员的职责，制定并落实24小时值班制度（每班不应少于2人）和交接班的程序、要求以及设备自检、巡检的程序、要求。值班人员应持证上岗。

7.6.11 消防控制室内不得堆放杂物，应保证其环境满足设备正常运行的要求，应具备各楼层消防设施平面布置图，完整的消防设施设计、施工和验收资料，灭火和应急疏散预案等。

7.6.12 严禁对消防控制室报警控制设备的喇叭，蜂鸣器等声光报警器件进行遮蔽、堵塞、断线、旁路等操作，保证警示器件处于正常工作状态。

7.6.13 严禁将消防控制室的消防电话、消防应急广播、消防记录打印机等设备挪作他用。消防图形显示装置中专用于报警显示的计算机，严禁安装游戏、办公等其他无关软件。

7.6.14 在消防控制室内，应置备一定数量的灭火器、消防过滤式自救呼吸器、空气呼吸器、手持扩音器、手电筒、对讲机、消防梯、消防斧、辅助逃生装置等消防紧急备用物品、工具仪表。

7.6.15 在消防控制室内，应置备有关消防设备用房，通往屋顶和地下室等消防设施的通道门锁钥匙、防火卷帘按钮钥匙、手动报警按钮恢复钥匙等，并分类标志悬挂；置备有关消防电源、控制箱（柜）、开关专用钥匙及手提插孔消防电话、安全工作帽等消防专用工具、器材。

7.6.16 消防控制室接到火灾警报后，消防控制室值班人员应立即以最快方式进行确认。确认发生火灾后，应立即确认火灾报警联动控制开关处于自动状态，拨打"119"电话报警，同时向消防安全责任人或消防安全管理人报告，启动单位内部灭火和应急疏散预案。

7.6.17 消防控制室的值班人员应每两小时记录一次值班情况，值班记录应完整、字迹清晰，保存完好。

7.6.18 设置火灾自动报警系统、消防给水及消火栓系统或自动喷水灭火系统等建筑消防设施的人员密集场所，宜与城市消防远程监控系统联网，传输火灾报警和建筑消防设施运行状态信息。

### 7.7 火灾隐患整改

7.7.1 人员密集场所应建立火灾隐患整改制度，明确火灾隐患整改责任部门和责任人、整改的程序、时限和所需经费来源、保障措施。

7.7.2 发现火灾隐患，应立即改正；不能立即改正的，应报告上级主管人员。

7.7.3 消防安全管理人或部门消防安全责任人应组织对报告的火灾隐患进行认定，并对整改情况进行确认。

7.7.4　在火灾隐患整改期间，应采取相应的安全保障措施。

7.7.5　对消防救援机构责令限期改正的火灾隐患和重大火灾隐患，应在规定的期限内改正，并将火灾隐患整改情况报送至消防救援机构。

7.7.6　重大火灾隐患不能按期完成整改的，应自行将危险部位停产、停业整改。

7.7.7　对于涉及城市规划布局而不能及时解决的重大火灾隐患，应提出解决方案并及时向其上级主管部门或当地人民政府报告。

### 7.8　用电防火安全管理

7.8.1　人员密集场所应建立用电防火安全管理制度，明确用电防火安全管理的责任部门和责任人，并应包括下列内容：

a）电气设备的采购要求；

b）电气设备的安全使用要求；

c）电气设备的检查内容和要求；

d）电气设备操作人员的资格要求。

7.8.2　用电防火安全管理应符合下列要求：

a）采购电气、电热设备，应选用合格产品，并应符合有关安全标准的要求；

b）更换或新增电气设备时，应根据实际负荷重新校核、布置电气线路并设置保护措施；

c）电气线路敷设、电气设备安装和维修应由具备职业资格的电工进行，留存施工图纸或线路改造记录；

d）不得随意乱接电线，擅自增加用电设备；

e）靠近可燃物的电器，应采取隔热、散热等防火保护措施；

f）人员密集场所内严禁电动自行车停放、充电；

g）应定期进行防雷检测；应定期检查、检测电气线路、设备，严禁长时间超负荷运行；

h）电气线路发生故障时，应及时检查维修，排除故障后方可继续使用；

i）商场、餐饮场所、公共娱乐场所营业结束时，应切断营业场所内的非必要电源；

j）涉及重大活动临时增加用电负荷时，应委托专业机构进行用电安全检测，检测报告应存档备查。

### 7.9 用火、动火安全管理

7.9.1 人员密集场所应建立用火、动火安全管理制度，并应明确用火、动火管理的责任部门和责任人，用火、动火的审批范围、程序和要求等内容。动火审批应经消防安全责任人签字同意方可进行。

7.9.2 用火、动火安全管理应符合下列要求：

a）人员密集场所禁止在营业时间进行动火作业；

b）需要动火作业的区域，应与使用、营业区域进行防火分隔，严格将动火作业限制在防火分隔区域内，并加强消防安全现场监管；

c）电气焊等明火作业前，实施动火的部门和人员应按照制度规定办理动火审批手续，清除可燃、易燃物品，配置灭火器材，落实现场监护人和安全措施，在确认无火灾、爆炸危险后方可动火作业；

d）人员密集场所不应使用明火照明或取暖，如特殊情况需要时，应有专人看护；

e）炉火、烟道等取暖设施与可燃物之间应采取防火隔热措施；

f）宾馆、餐饮场所、医院、学校的厨房烟道应至少每季度清洗一次；

g）进入建筑内以及厨房、锅炉房等部位内的燃油、燃气管道，应经常检查、检测和保养。

### 7.10 易燃、易爆化学物品管理

7.10.1 人员密集场所严禁生产或储存易燃、易爆化学物品。

7.10.2 人员密集场所应明确易燃、易爆化学物品使用管理的责任部门和责任人。

7.10.3 人员密集场所需要使用易燃、易爆化学物品时，应根据需求限量使用，存储量不应超过一天的使用量，并应在不使用时予以及时清除，

且应由专人管理、登记。

### 7.11 消防安全重点部位管理

7.11.1 消防安全重点部位应建立岗位消防安全责任制，并明确消防安全管理的责任部门和责任人。

7.11.2 人员集中的厅（室）以及建筑内的消防控制室、消防水泵房、储油间、变配电室、锅炉房、厨房、空调机房、资料库、可燃物品仓库和化学实验室等，应确定为消防安全重点部位，在明显位置张贴标识，严格管理。

7.11.3 应根据实际需要配备相应的灭火器材、装备和个人防护器材。

7.11.4 应制定和完善事故应急处置操作程序。

7.11.5 应列入防火巡查范围，作为定期检查的重点。

### 7.12 消防档案

7.12.1 应建立消防档案管理制度，其内容应明确消防档案管理的责任部门和责任人，消防档案的制作、使用、更新及销毁的要求。消防档案应存放在消防控制室或值班室等，留档备查。

7.12.2 消防档案管理应符合下列要求：

a）按照有关规定建立纸质消防档案，并宜同时建立电子档案；

b）消防档案应包括消防安全基本情况、消防安全管理情况、灭火和应急疏散预案演练情况；

c）消防档案的内容应全面反映消防工作的基本情况，并附有必要的图纸、图表；

d）消防档案应由专人统一管理，按档案管理要求装订成册。

7.12.3 消防安全基本情况应包括下列内容：

a）建筑的基本概况和消防安全重点部位；

b）所在建筑消防设计审查、消防验收或消防设计、消防验收备案以及场所投入使用、营业前消防安全检查的相关资料；

c）消防组织和各级消防安全责任人；

d）微型消防站设置及人员、消防装备配备情况；

e）相关租赁合同；

f）消防安全管理制度和保证消防安全的操作规程，灭火和应急疏散预案；

g）消防设施、灭火器材配置情况；

h）专职消防队、志愿消防队人员及其消防装备配备情况；

i）消防安全管理人、自动消防设施操作人员、电气焊工、电工、易燃易爆危险品操作人员的基本情况；

j）新增消防产品质量合格证，新增建筑材料和室内装修、装饰材料的防火性能证明文件。

7.12.4　消防安全管理情况应包括下列内容：

a）消防安全例会记录或会议纪要、决定；

b）消防救援机构填发的各种法律文书；

c）消防设施定期检查记录、自动消防设施全面检查测试的报告、维修保养的记录以及委托检测和维修保养的合同；

d）火灾隐患、重大火灾隐患及其整改情况记录；

e）消防控制室值班记录；

f）防火检查、巡查记录；

g）有关燃气、电气设备检测、动火审批等记录资料；

h）消防安全培训记录；

i）灭火和应急疏散预案的演练记录；

j）各级和各部门消防安全责任人的消防安全承诺书；

k）火灾情况记录；

l）消防奖惩情况记录。

## 8　消防安全措施

### 8.1　通用要求

8.1.1　人员密集场所不应与甲、乙类厂房、仓库组合布置或贴邻布置；除人员密集的生产加工车间外，人员密集场所不应与丙、丁、戊类厂房、仓库组合布置；人员密集的生产加工车间不宜布置在丙、丁、戊类厂房、仓库的上部。

8.1.2 人员密集场所设置在具有多种用途的建筑内时，应至少采用耐火极限不低于1.00h的楼板和2.00h的隔墙与其他部位隔开，并应满足各自不同营业时间对安全疏散的要求。人员密集场所采用金属夹芯板材搭建临时构筑物时，其芯材应为A级不燃材料。

8.1.3 生产、储存、经营场所与员工集体宿舍设置在同一建筑物中的，应符合国家工程建设消防技术标准和XF 703的要求，实行防火分隔，设置独立的疏散通道、安全出口。

8.1.4 设置人员密集场所的建筑，其疏散楼梯宜通至屋面，并宜在屋面设置辅助疏散设施。

8.1.5 建筑面积大于400m²的营业厅、展览厅等场所内的疏散指示标志，应保证其指向最近的疏散出口，并使人员在走道上任何位置保持视觉连续。

8.1.6 除国家标准规定应安装自动喷水灭火系统的人员密集场所之外，其他人员密集场所需要设置自动喷水灭火系统时，可按GB 50084的规定设置自动喷水灭火局部应用系统。

8.1.7 除国家标准规定应安装火灾自动报警系统的人员密集场所之外，其他人员密集场所需要设置火灾自动报警系统时，可设置独立式火灾探测报警器，独立式火灾探测报警器宜具备无线联网和远程监控功能。

8.1.8 需要经常保持开启状态的防火门，应采用常开式防火门，设置自动和手动关闭装置，并保证其火灾时能自动关闭。

8.1.9 人员密集场所平时需要控制人员随意出入的安全出口、疏散门或设置门禁系统的疏散门，应保证火灾时能从内部直接向外推开，并应在门上设置"紧急出口"标识和使用提示。可以根据实际需要选用以下方法或其他等效的方法：

a）设置安全控制与报警逃生门锁系统，其报警延迟时间不应超过15s；

b）设置能远程控制和现场手动开启的电磁门锁装置；当设置火灾自动

报警系统时,应与系统联动;

c)设置推闩式外开门。

8.1.10　人员密集场所内的装饰材料,如窗帘、地毯、家具等的燃烧性能应符合GB 50222的规定。

8.1.11　人员密集场所可能泄漏散发可燃气体或蒸气的场所,应设置可燃气体检测报警装置。

8.1.12　人员密集场所内燃油、燃气设备的供油、供气管道应采用金属管道,在进入建筑物前和设备间内的管道上均应设置手动和自动切断装置。

## 8.2　宾馆

8.2.1　宾馆前台和大厅配置对讲机、喊话器、扩音器、应急手电筒、消防过滤式自救呼吸器等器材。

8.2.2　高层宾馆的客房内应配备应急手电筒、消防过滤式自救呼吸器等逃生器材及使用说明,其他宾馆的客房内宜配备应急手电筒、消防过滤式自救呼吸器等逃生器材及使用说明,并应放置在醒目位置或设置明显的标志。应急手电筒和消防过滤式自救呼吸器的有效使用时间不应小于30min。

8.2.3　客房内应设置醒目、耐久的"请勿卧床吸烟"提示牌和楼层安全疏散及客房所在位置示意图。

8.2.4　客房层应按照有关建筑消防逃生器材及配备标准设置辅助逃生器材,并应有明显的标志。

## 8.3　商场

8.3.1　商场、市场建筑之间不应设置连接顶棚;当必须设置时,应符合下列要求:

a)消防车通道上部严禁设置连接顶棚;

b)顶棚所连接的建筑总占地面积不应超过2500m$^2$;

c)顶棚下面不应设置摊位,放置可燃物;

d)顶棚材料的燃烧性能不应低于GB 50222规定的B$_1$级;

e)顶棚四周应敞开,其高度应高出建筑檐口或女儿墙顶1.0m以上,其自然排烟口面积不应低于顶棚地面正投影面积的25%。

8.3.2 设置于商场内的库房应采用耐火极限不低于3.00h的隔墙与营业、办公部分完全分隔，通向营业厅的开口应设置甲级防火门。

8.3.3 商场内的柜台和货架应合理布置，营业厅内的疏散通道设置应符合JGJ 48的规定，并应符合下列要求：

a）营业厅内主要疏散通道应直通安全出口；

b）营业厅内通道的最小净宽度应符合JGJ 48的相关规定；

c）疏散通道及疏散走道的地面上应设置保持视觉连续的疏散指示标志；

d）营业厅内任一点至最近安全出口或疏散门的直线距离不宜大于30m，且行走距离不应大于45m。

8.3.4 营业厅内的疏散指示标志设置应符合下列要求：

a）应在疏散通道转弯和交叉部位两侧的墙面、柱面距地面高度1.0m以下设置灯光疏散指示标志；有困难时，可设置在疏散通道上方2.2m~3.0m处；疏散指示标志的间距不应大于20m；

b）灯光疏散指示标志的规格不应小于0.5m×0.25m；

c）总建筑面积大于5000m$^2$的商场或建筑面积大于500m$^2$的地下或半地下商店，疏散通道的地面上应设置视觉连续的灯光或蓄光疏散指示标志；其他商场，宜设置灯光或蓄光疏散指示标志。

8.3.5 营业厅的安全疏散路线不应穿越仓库、办公室等功能性用房。

8.3.6 营业厅内食品加工区的明火部位应靠外墙布置，并应采用耐火极限不低于2.00h的隔墙、乙级防火门与其他部位分隔。敞开式的食品加工区，应采用电加热器具，严禁使用可燃气体、液体燃料。

8.3.7 防火卷帘门两侧各0.3m范围内不得放置物品，并应用黄色标识线划定范围。

8.3.8 设置在商场、市场内的中庭不应设置固定摊位，放置可燃物等。

### 8.4 公共娱乐场所

8.4.1 公共娱乐场所的每层外墙上应设置外窗（含阳台），间隔不应大于20.0m。每个外窗的面积不应小于1.0m²，且其短边不应小于1.0m，窗口下沿距室内地坪不应大于1.2m。

8.4.2 使用人数超过20人的厅、室内应设置净宽度不小于1.1m的疏散通道，活动座椅应采用固定措施。

8.4.3 疏散门或疏散通道上、疏散走道及其尽端墙面上、疏散楼梯，不应镶嵌玻璃镜面等影响人员安全疏散行动的装饰物。疏散走道上空不应悬挂装饰物、促销广告等可燃物或遮挡物。

8.4.4 休息厅、录像放映、卡拉OK及其包房内应设置声音或视频警报，保证在发生火灾时能立即将其画面、音响切换到应急广播和应急疏散指示状态。

8.4.5 各种灯具距离窗帘、幕布、布景等可燃物不应小于0.50m。

8.4.6 场所内严禁使用明火进行表演或燃放各类烟花。

8.4.7 营业时间内和营业结束后，应指定专人进行消防安全检查，清除烟蒂等遗留火种，关闭电源。

### 8.5 学校

8.5.1 图书馆、教学楼、实验楼和集体宿舍的疏散走道不应设置弹簧门、旋转门、推拉门等影响安全疏散的门。疏散走道、疏散楼梯间不应设置卷帘门、栅栏等影响安全疏散的设施。

8.5.2 集体宿舍值班室应配置灭火器、喊话器、消防过滤式自救呼吸器、对讲机等消防器材。

8.5.3 集体宿舍严禁使用蜡烛、酒精炉、煤油炉等明火器具；使用蚊香等物品时，应采取保护措施或与可燃物保持一定的距离。

8.5.4 宿舍内不应卧床吸烟和乱扔烟蒂。

8.5.5 建筑内设置的垃圾桶（箱）应采用不燃材料制作，并设置在周围无可燃物的位置。

8.5.6 宿舍内严禁私自接拉电线，严禁使用电炉、电取暖、热得快等大功率电器设备，每间集体宿舍均应设置用电过载保护装置。

8.5.7 集体宿舍应设置醒目的消防安全标志。

**8.6 医院的门诊楼、病房楼，老年人照料设施、托儿所、幼儿园及儿童活动场所**

8.6.1 严禁违规储存、使用易燃易爆危险品，严禁吸烟和违规使用明火。

8.6.2 严禁私拉乱接电气线路、超负荷用电，严禁使用非医疗、护理、保教保育用途大功率电器。

8.6.3 门诊楼、病房楼的公共区域以及病房内的明显位置应设置安全疏散指示图，指示图上应标明疏散路线、疏散方向、安全出口位置及人员所在位置和必要的文字说明。

8.6.4 病房楼内的公共部位不应放置床位和留置过夜，不得放置可燃物和设置影响人员安全疏散的障碍物。

8.6.5 病房内氧气瓶应及时更换，不应积存。采用管道供氧时，应经常检查氧气管道的接口、面罩等，发现漏气应及时修复或更换。

8.6.6 病房楼内的氧气干管上应设置手动紧急切断气源的装置。供氧、用氧设备及其检修工具不应沾染油污。

8.6.7 重症监护室应自成一个相对独立的防火分区，通向该区的门应采用甲级防火门。

8.6.8 病房、重症监护室宜设置开敞式的阳台或凹廊。

8.6.9 护士站内存放的酒精、乙酸等易燃、易爆危险物品应由专人负责，专柜存放，并应存放在阴凉通风处，远离热源、避免阳光直射。

8.6.10 老年人照料设施、托儿所、幼儿园及儿童活动场所的厨房、烧水间应单独设置或采用耐火极限不低于2.00h的防火隔墙与其他部位分隔，墙上的门、窗应采用乙防火门、窗。

**8.7 体育场馆、展览馆、博物馆的展览厅等场所**

8.7.1 举办活动时，应制订相应的消防应急预案，明确消防安全责任人；大型演出或比赛等活动期间，配电房、控制室等部位应安排专人值守。活动现场应配备齐全消防设施，并有专人操作。

8.7.2　场馆内的灯光疏散指示标志的规格不应小于0.85m×0.30m。

8.7.3　需要搭建临时建筑时，应采用燃烧性能不低于B₁级的材料。临时建筑与周围建筑的间距不应小于6.0m。临时建筑应根据活动人数满足安全出口数量、宽度及疏散距离等安全疏散要求，配备相应消防器材，有条件的可设置临时消防设施。

8.7.4　展厅等场所内的主要疏散通道应直通安全出口，其宽度不应小于5.0m，其他疏散通道的宽度不应小于3.0m。疏散通道的地面应设置明显标识。

8.7.5　布展时，不应进行电气焊等动火作业；必须进行动火作业时，动火现场应安排专人监护并采取相应的防护措施。

8.7.6　展览馆内设置的餐饮区域，应相对独立，不应使用明火。

## 8.8　人员密集的生产加工车间、员工集体宿舍

8.8.1　生产车间内应保持疏散通道畅通，通向疏散出口的主要疏散通道的宽度不应小于2.0m，其他疏散通道的宽度不应小于1.5m，且地面上应设置明显的标示线。

8.8.2　车间内中间仓库的储量不应超过一昼夜的使用量。生产过程中的原料、半成品、成品，应按火灾危险性分类集中存放，机电设备周围0.5m范围内不得放置可燃物。消防设施周围，不得设置影响其正常使用的障碍物。

8.8.3　生产加工中使用电熨斗等电加热器具时，应固定使用地点，并采取可靠的防火措施。

8.8.4　应按操作规程定时清除电气设备及通风管道上的可燃粉尘、飞絮。

8.8.5　不应在生产加工车间、员工集体宿舍内擅自拉接电气线路、设置炉灶。员工集体宿舍应符合下列要求：

a）人均使用面积不应小于4.0m²；

b）宿舍内的床铺不应超过2层；

c）每间宿舍的使用人数不应超过12人；

d）房间隔墙的耐火极限不应低于1.00h，且应砌至梁、板底；

e）内部装修应采用燃烧性能不低于B₁级的材料。

## 9 灭火和应急疏散预案编制和演练

### 9.1 预案

9.1.1 人员密集场所应根据人员集中、火灾危险性较大和重点部位的实际情况，按照GB/T 38315制订有针对性的灭火和应急疏散预案。

9.1.2 预案内容应包括下列内容：

a）单位的基本情况，火灾危险分析；

b）火灾现场通信联络、灭火、疏散、救护、保卫等应由专门机构或专人负责，并明确各职能小组的负责人、组成人员及各自职责；

c）火警处置程序；

d）应急疏散的组织程序和措施；

e）扑救初起火灾的程序和措施；

f）通信联络、安全防护和人员救护的组织与调度程序、保障措施。

### 9.2 组织机构

9.2.1 人员密集场所应成立由消防安全责任人或消防安全管理人负责的火灾事故应急指挥机构，担负消防救援队到达之前的灭火和应急疏散指挥职责。

9.2.2 人员密集场所应成立由当班的消防安全管理人、部门主管人员、消防控制室值班人员、保安人员、志愿消防队员及其他在岗的从业人员组成的职能小组，接受火灾事故应急指挥机构的指挥，承担灭火和应急疏散各项职责。职能小组设置和职责分工如下：

a）通信联络组：负责与消防安全责任人和当地消防救援机构之间的通信和联络；

b）灭火行动组：发生火灾，立即利用消防器材、设施就地扑救火灾；

c）疏散引导组：负责引导人员正确疏散、逃生；

d）防护救护组：协助抢救、护送伤员；阻止与场所无关人员进入现场，保护火灾现场，协助消防救援机构开展火灾调查；

e）后勤保障组：负责抢险物资、器材器具的供应及后勤保障。

### 9.3 预案实施程序

确认发生火灾后，应立即启动灭火和应急疏散预案，并同时开展下列工作：

——向消防救援机构报火警；

——各职能小组执行预案中的相应职责；

——组织和引导人员疏散，营救被困人员；

——使用消火栓等消防器材、设施扑救初起火灾；

——派专人接应消防车辆到达火灾现场；

——保护火灾现场，维护现场秩序。

### 9.4 预案的宣贯和完善

9.4.1 人员密集场所应定期组织员工和承担有灭火、疏散等职责分工的相关人员熟悉灭火和应急疏散预案，并通过预案演练，逐步修改完善。遇人员变动或其他情况，应及时修订单位灭火和应急疏散预案。

9.4.2 大型多功能公共建筑、地铁和建筑高度大于100m的公共建筑等，应根据需要邀请有关专家对灭火和应急疏散预案进行评估、论证。

### 9.5 消防演练

9.5.1 目的

9.5.1.1 检验各级消防安全责任人，各职能组和有关工作人员对灭火和应急疏散预案内容、职责的熟悉程度。

9.5.1.2 检验人员安全疏散、初起火灾扑救、消防设施使用等情况。

9.5.1.3 检验在紧急情况下的组织、指挥、通信、救护等方面的能力。

9.5.1.4 检验灭火应急疏散预案的实用性和可操作性。

9.5.2 组织

9.5.2.1 宾馆、商场、公共娱乐场所，应至少每半年组织一次消防演练；其他场所，应至少每年组织一次。

9.5.2.2 选择人员集中、火灾危险性较大和重点部位作为消防演练的目标，每次演练应选择不同的重点部位作为消防演练目标，并根据实际情况，确定火灾模拟形式。

9.5.2.3 消防演练方案可报告当地消防救援机构，邀请其进行业务指导。

9.5.2.4 在消防演练前，应通知场所内的使用人员积极参与；消防演练时，应在建筑入口等明显位置设置"正在消防演练"的标志牌，避免引起公众慌乱。

9.5.2.5 消防演练开始后，各职能小组应按照计划实施灭火和应急疏散预案。

9.5.2.6 在模拟火灾演练中，应落实火源及烟气的控制措施，防止造成人员伤害。

9.5.2.7 大型多功能公共建筑、地铁和建筑高度大于100m的公共建筑等，应适时与当地消防救援队伍组织联合消防演练。

9.5.2.8 演练结束后，应及时进行总结，并做好记录。

## 10 火灾事故处置与善后

10.1 建筑发生火灾后，应立即启动灭火和应急疏散预案，组织建筑内人员立即疏散，并实施火灾扑救。

10.2 建筑发生火灾后，应保护火灾现场。消防救援机构划定的警戒线范围是火灾现场保护范围；尚未划定时，应将火灾过火范围以及与发生火灾有关的部位划定为火灾现场保护范围。

10.3 不应擅自进入火灾现场或移动火场中的任何物品。

10.4 未经消防救援机构同意，不应擅自清理火灾现场。

10.5 火灾事故相关人员应主动配合接受事故调查，如实提供火灾事故情况，如实申报火灾直接财产损失。

10.6 火灾调查结束后，应总结火灾事故教训，及时改进消防安全管理。

附 录 A

（资料性）

防火巡查记录表格

防火巡查记录表示例见表A.1。

表A.1 防火巡查记录表示例

巡查人员：

| 序号 | 部位* | 时间 | 存在问题 | 备注 |
|------|-------|------|----------|------|
| 1 | | | | |
| 2 | | | | |
| 3 | | | | |
| 4 | | | | |
| 5 | | | | |
| 6 | | | | |
| 7 | | | | |
| 8 | | | | |
| 9 | | | | |
| 10 | | | | |

\* 防火巡查至少包括下列内容：
a）用火、用电有无违章情况；
b）安全出口、疏散通道是否畅通，有无锁闭；安全疏散指示标志、应急照明是否完好；
c）常闭式防火门是否保持常闭状态，防火卷帘下是否堆放物品；
d）消防设施、器材是否在位、完整有效。消防安全标志是否完好清晰；
e）消防安全重点部位的人员在岗情况；
f）消防车通道是否畅通；
g）其他消防安全情况。

附 录 B

（资料性）

防火检查记录表格

防火检查记录表示例见表B.1。

表B.1 防火检查记录表示例

检查人员：                              检查时间：

| 序号 | 部位* | 存在问题 | 备注 |
|------|-------|----------|------|
| 1 | | | |
| 2 | | | |
| 3 | | | |
| 4 | | | |
| 检查情况 | | | |

\*防火检查至少包括下列内容：
a）消防车通道、消防车登高操作场地、消防水源；
b）安全疏散通道、疏散走道、楼梯，安全出口及其疏散指示标志、应急照明；
c）消防安全标志的设置情况；
d）灭火器材配置及完好情况；
e）楼板、防火墙和竖井孔洞的封堵情况；
f）建筑消防设施运行情况；
g）消防控制室值班情况、消防控制设备运行情况和记录；
h）用火、用电有无违规违章情况；
i）消防安全重点部位的管理；
j）微型消防站设置、值班值守情况，以及人员、装备配置情况；
k）防火巡查落实情况和记录；
l）火灾隐患的整改以及防范措施的落实情况；
m）消防安全重点部位人员以及其他员工消防知识的掌握情况。